소비자를 위한 생활 화학

마담 라부아지에, 뭘 사실 건가요?

전창림 지음

자유아카데미

머리말

표지의 그림은 프랑스 신고전주의 화가 다비드가 그린 라부아지에 부부의 초상이다. 한 시대를 대표하는 대예술가가, 화학사를 대표하는 위대한 화학자를 그린 거의 유일한 그림일 것이다. 이 그림은 아마 그의 아내에 의해 주문되었을 것이다. 그녀 또한 자신이 화가였고, 다비드의 제자였으므로...

라부아지에의 부인인 마리(Marie Anne Pierrette Paulze)는 13살이던 1771년, 28살의 라부아지에와 결혼하였다. 어학과 그림에 소질이 있던 그녀는 결혼 후 남편에게 화학과 수학까지 배웠다. 남편을 위해 영어로 된 논문들을 번역해 주었고, 판화나 드로잉으로 그린 삽화를 곁들인 완벽한 실험 노트를 작성해 주었다. 라부아지에를 '근대 화학의 아버지' 라고 부르고 그녀를 '근대 화학의 어머니' 라고 부르는 가장 큰 이유는 라부아지에의 〈화학원론, Traite Elementaire de Chimie〉 출간에 대한 그녀의 공로 때문이다. 즉, 라부아지에가 프랑스 대혁명의 단두대에서 죽음을 당한 후, 그의 작업을 8권의 책으로 출판한 것이다. 라부아지에는 생전에 겨우 제 1 권을, 그것도 겨우 시작만 했을 뿐이었다. 근대 화학을 출발시킨 이 책에는 마리가 그린 13개의 도판이 포함되어 있는데, 대단히 정교하며 예술적인 수준도 갖춘, 참으로 유용한 작품들이다. 이 도판들로 후대의 화학자들이 큰 도움을 받았음은 두말할 나위가 없다. 그녀의 또 하나의 공로는 커완(Richard Kirwan)의 〈플로지스톤에 대한 에세이〉의 프랑스어 번역이다. 이 번역의 도움으로 라부아지에는 플로지스톤설과의 논쟁에서 승리를 거둘 수 있었다. 그러나 그녀의 가장 큰 공로는 역시 라부아지에 생전의 역할이다. 그녀는 실험 조수, 연구 동료, 도서 사서, 삽화가, 편집자, 출판가, 번역가, 비서, 영양사, 격려자, 등등 그녀를 빼고는 라부아지에의 업적을 이야기하기 어려울 만큼 그녀의 역할은 컸다.

당연히 그녀는 쇼핑의 달인이었다. 남편을 위한 음식 재료와 살림에 필요한 물건을 구입할 때 화학 지식에 힘입어 그녀는 늘 몸에 좋은 재료를 싸게 구입할 수 있었다. 쇼핑의 달인이 되게 해 주는 화학은 물건의 속을 알게 해 준다.

우리는 늘 슈퍼에서, 약국에서, 문구점에서 무엇인가를 구입하고 기성품을 사용한다. 엄청난 수의 상품들을 보면서 속고 있는 것은 아닌지, 쓸데없는 것을 사는 것은 아닌지, 효능이 없는 것은 아닌지, 도대체 알 수가 없어서 답답하기도 하다. 포장 뒤의 설명을 보면 성분표가 있는데, 알 수 없는 소리만 써 있어서 자신이 초라해진다. 진짜 좋은 것인지 알 수는 없을까? 이 책은 그런 궁금증을 위해 나왔다. 화학을 학문으로 공부하는 골치 아픈 책이 아니다. 생활에서 생기는 여러 가지 화학적 현상을 설명한 책들은 많이 있지만, 슈퍼에서 파는 상품들의 화학적 내용을 보여주고, 이런 것을 골라서 이렇게 써야 좋다고 설명하는 책은 거의 없다. 현대 사회에서 거의 모든 물건을 집에서 만들지 않고 사다 쓰는 우리로서는 그 속을 좀 알고 싶다. 그래야 돈도 손해 보지 않고, 건강에도 좋은 것을 선택할 수 있으며, 환경 보존에도 기여할 수 있지 않을까?

이 책은 화학의 대중화와 생활화를 목적으로 쓰여 졌으나, 비전공자들을 위한 교양 교재나, 화학 전공자들의 1, 2학년 입문서로도 쓰일 수 있을 것이다. 많은 대학이 학부제로 전환하며, 대학 입학 시 전공 미확정의 상태로 교양 과목을 수강하게 된다. 일반화학이나 입문화학을 배우고 나면 대개 화학이 어렵다고 느끼게 되고 재미없어 하는 것이 일반적이다. 그래서 전공으로 화학을 선택하기를 기피하게 된다. 이 책은 그런 문제점을 타파하기 위해 유익하고 재미있게 만들려고 노력했다.

홍미는 학문 탐구의 가장 큰 동기이다. 화학의 입문에서 화학에 홍미를 갖게 하지 못하면 많은 학생들이 화학을 기피할 것이고, 우리는 화학이 주도할 새 시대에서 뒤쳐질 것이다. 이제까지 화학이 환경을 오염시켜 온 것은 사실이지만, 그 공해를 해결하는 것도 화학의 영역이다. 화학에 대한 홍미와 필요성의 인식, 이것이 이 책의 목적이다.

2009년

전 창 림

차례

Part 1

식품 코너 1

고기와 채소 2

육류보다 생선이 정말 좋은가? 3

포화지방산과 불포화지방산 5

트랜스지방이란 무엇인가? 8

콜레스테롤이 그렇게 나쁜 것인가? 10

마요네즈 11

삶은 달걀노른자는 왜 푸른빛을 띠는가? 12

싱싱하고 맛있는 채소와 과일 고르기 14

고기보다 더 좋은 된장, 간장, 고추장 15

비지와 두부 17

빨리 익고 오래 맛있는 김치 18

감칠맛을 내는 솜씨 21

아스파탐과 올리고당 22

이스트와 베이킹 파우더는 같은 것인가? 24

Part 2

기호식품 및 건강식품 코너 25

적포도주는 검은 포도로, 백포도주는 청포도로 만드는가? 26

커피, 카페, 에스프레소 29

홍차, 녹차, 우롱차는 식물 차이가 아니다 31

초콜릿은 건강에 좋을까? 32
아이스크림은 거품 맛 33
네 가지 철자를 가진 요구르트 34
살아서 장까지 가는 요구르트의 기술 35
젤리는 꿀에 녹용을 섞은 것? 37
다이어트 음료의 비밀 38
인삼제품 40
여러 가지 건강 전통차들 42
멜라민 파동이란? 46

Part 3

세제 코너 49
비누는 어떻게 때를 빼는가? 50
비누는 어떻게 만드는가? 52
거품이 많은 세제가 때를 잘 빼는가? 54
세제를 많이 쓰면 세탁이 더 잘 될까? 55
세제(비누)의 종류 56
합성세제는 다 퇴출 대상인가? 58
표백제는 곧 소독제 61
섬유유연제도 화학제품이므로 쓰지 않는 것이 좋다? 63
드라이클리닝은 옷감에 해로운가? 65
다림질풀은 옷감의 무스 66
주방용 세제 69

식기세척기용 세제 70
빨리 닳는 투명 비누 71
어깨에 눈이 내려요 73
치약을 많이 쓰면 이가 닳는다? 76
기저귀와 생리대 78

Part 4

화장품 코너 79
세수도 기초 화장 80
로션 82
크림 83
화장품으로 젊은 피부를 만들 수 있을까? 85
화장수 87
팩 89
자외선 차단 화장품 90
그림 그리듯 메이크업 92
파우더는 돌가루 93
파운데이션은 흰색 물감 94
파란 빨강(루즈)? 95
폭탄 원료로 만드는 매니큐어 97
아이펜슬은 숯으로 만든다 99
향수는 원래 연기 100
헤어케어 102

헤어세트는 플라스틱을 바르는 것 103
퍼머는 정말 복잡한 화학 반응 104
울긋불긋 머리카락 105

Part 5

약국 코너 107
두통약 막 먹어도 좋은가? 108
알러지는 왜 생기는가? 111
감기약은 너무 복잡해 113
왕창 먹고 소화제 먹고 116
치과 아말감 119
비아그라 非오그라 121

Part 6

문구 코너 123
연필에는 연(납)이 없다 124
볼펜에는 볼(공)이 있다 126
사인할 때 쓰면 안 되는 사인펜 127
지우개는 왜 연필만 지우는가? 128
풀을 깨끗이 떼어내는 방법 129
순간 접착제 130
크레용과 크레파스는 어떻게 다른가? 131
수채 그림 물감도 껌으로 만든다 132
포스터컬러는 수채화와 어떻게 다른가? 133

유화는 만지면 안 돼요 134
제 3의 물감 135
페인트 137

Part 7

의류 코너 139
천연섬유와 합성섬유 140
환상의 스타킹 144
혼방은 싸구려? 146
가죽 처리 약품은 과일 주스나 차의 주성분 147

Part 8

생활용품 코너 149
식품 포장 랩 150
사진 필름에는 은이 들어 있다 151
물먹는 하마 153
도기와 자기는 다른가? 154
크리스탈은 일반 유리와 어떻게 다른가? 155
왜 금속은 전기가 잘 통할까? 156
양은냄비와 놋그릇은 같은 걸까? 158
철가방은 함석일까 양철일까? 159
의천도룡기의 명검은 진짜 있었을까? 160
캐스트 아이언과 포지드 아이언 161
알루미늄값은 전기값 162

플라스틱이란 무엇인가? 163
소재의 발전은 플라스틱으로 대체하는 것 164
어떤 플라스틱들이 있는가? 166
플라스틱은 어디에 얼마나 쓰이는가? 168

플라스틱의 황제 폴리에틸렌 169
경첩이 필요 없는 플라스틱 필통 170
장난감 망원경 렌즈와 스티로폼은 같은 재료 171
딱딱하게도 부드럽게도 만들 수 있는 PVC 172
폴리에스터 스웨터와 페트병 173
발전되는 고분자 신소재 175
꿈의 신소재 기능성 고분자들 176
플라스틱 심장으로 생명을 연장한다 177

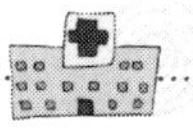

플라스틱 광통신 178
반도체 기술을 받쳐주는 플라스틱 기술 179
방탄복 재료로 낚싯대도 만든다 181

Part 9

자동차용품 코너 183
고급 가솔린은 비싼 만큼 좋은가? 184
디젤차는 왜 겨울에 시동이 잘 안 걸릴까? 185
LPG, LNG, CNG 헷갈리네, 도시 가스는 또 뭐야? 186
엔진 오일(내연기관용 윤활유)은 등급이 있다 188
얼지 않는 부동액 189

배터리가 나갔다는 것은 무슨 일이 생긴 걸까? ······ 190
자동차 유리의 비밀 ······ 192
윈도 워셔액 ······ 193
광택제 ······ 194
연료첨가제 ······ 195
엔진오일 첨가제 ······ 196

Part 10

부엌에서 ······ 197
냉동과 냉장 어느 쪽이 좋을까? ······ 198
매운맛은 손으로도 안다 ······ 200
고기 요리에 포도주를 넣는 이유는 무엇일까? ······ 201
요리의 화학 ······ 202
골고루 먹어라 ······ 205
피가 뚝뚝 흐르는 스테이크 ······ 206
다이어트에도 화학이 있다 ······ 208
유산소 다이어트란 무엇인가? ······ 209
섭취 열량 계산법 ······ 210

Part 11

쾌적한 환경을 위하여 ······ 213
석유를 난방 연료로 쓰지 말자 ······ 214
불을 살리려면 물을 부어라? ······ 215
등유와 중유 ······ 216

아스팔트는 석유 찌꺼기 217
대기와 대기 오염 218
오존층과 자외선 220
이산화탄소도 규제한다고? 221
우리는 안전한 물을 마시고 있는가? 222
환경 호르몬에는 호르몬이 없다 224
화학 공업이 다이옥신을 만드는가? 225
중금속 중독 227
플라스틱 재활용 229
썩지 않는 플라스틱, 썩는 플라스틱 230

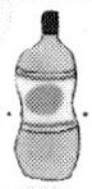

Part 12

화학이 들어 있는 옛날 이야기 233
영화 '제5원소' 234
연금술로 황금을 번 사나이 235
플로지스톤은 없다 237
비를 피할 수 있고 빵 한 조각만 있으면 238
화학의 대중화를 이끈 데이비 240
어린이를 위한 촛불의 과학 241
영구 기관의 꿈을 깨트린 엔트로피 242
파파 분젠 244
점장이 멘델레예프 245
원숭이 꿈 248
이곳이 파스퇴르 실험실이었습니다 249

초대 노벨상 ········ 250
영국 제철 공업을 비웃은 프랑스의 에펠탑 ········ 252
산성비는 황산비 ········ 254
화학으로 세운 나라 ········ 256
나일론 스타킹 ········ 257

Part 13

화학을 전공해 볼까? ········ 259
유기화학(Organic Chemistry) ········ 260
무기화학(Inorganic Chemistry) ········ 261
고분자화학(Polymer Chemistry) ········ 262
물리화학(Physical Chemistry) ········ 263
분석화학(Analytical Chemistry) ········ 264
화학공학(Chemical Engineering) ········ 265
공업화학(Industrial Chemistry) ········ 266
생화학(Biochemistry) ········ 267
환경화학(Environmental Chemistry) ········ 268

Part 1

식품 코너

슈퍼에 가기 전에 우선 필요한 물품의 명단을 작성하자. 슈퍼에 가면 식품 코너에는 많은 물건들이 냉장칸 또는 일반 선반에 진열되어 있다. 식구들의 건강과 가정의 경제를 위하여 질 좋고 값싼 식품을 골라야겠다. 우선 모든 식품은 유효기간을 확인하는 것이 중요하다. 가격은 전체 포장 단위의 가격만 비교하지 말고 단위 가격을 비교해야 한다. 즉, g당 가격이나 mL당 가격을 비교해야 한다. 그 다음에 성분을 검토해야 한다. 각 상품에 대하여 조금이라도 알고 슈퍼에 가자. 그리고 전체 매장을 돌 때 식품 코너는 가장 나중에 들르자. 쇼핑을 하는 동안이라도 더 싱싱하기를 원한다면...

고기와 채소

고기를 먹을까 채소를 먹을까? 즉, 동물성 식품이 좋을까 식물성 식품이 좋을까? 이는 먹거리를 준비할 때 맨 처음 갖게 되는 질문이다. 대체로 식물성이 건강에 좋다고 생각하지만 골고루 먹는 것이 좋다. 사람마다 체질이 달라서 어떤 사람은 기름기 많은 고기만 먹어도 살이 안 찌고, 어떤 사람은 채소만 먹고도 비만이 되기도 한다. 사막의 유목민들은 고기만 먹고 살며, 채식주의자들은 채소만 먹는다. 일률적으로 어느 것이 좋고 나쁘다고는 할 수 없으나 각각의 특징을 알면 각자의 건강에 적합한 먹거리를 고르는 데 도움이 될 것이다.

식품에는 크게 다섯 가지 영양소가 포함되어 있다. 탄수화물, 단백질, 지방, 무기질, 비타민이 그것이다. 곡류, 채소, 과일에는 대체로 탄수화물, 무기질, 비타민이 풍부하고 단백질과 지방이 적다. 고기에는 대체로 단백질과 지방이 풍부하다. 이 가운데 탄수화물, 단백질, 지방은 우리 몸이 활동하는 데 필요한 열량을 공급해 주는 영양소이다. 지방은 너무 많이 섭취하면 비만과 함께 여러 성인병을 유발하므로 적당량을 섭취하는 것이 중요하다. 고기는 단백질과 함께 지방을 함유한다. 그러므로 고기는 너무 자주 먹지 않는 것이 좋다.

육류보다 생선이 정말 좋은가?

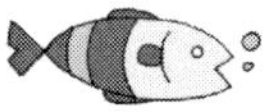

육류와 생선은 어떻게 다른가? 물고기는 육지 동물과 달리 중력에 저항하여 자기 몸체를 지탱할 필요가 없다. 물고기는 물 속에서 부력을 받으므로 근육에 큰 힘이 필요하지 않기 때문에 근육의 조직이 엉성하고 힘줄이 거의 없다. 그래서 생선은 육류에 비해 부드럽고, 소화가 잘되므로 먹기가 더 좋은 것이다. 그러나 날로 먹을 때는 기생충이나 세균을 주의해야 한다. 생강을 채로 썰어서 곁들여 먹는 것은 살균의 목적이 있다. 민물고기 회는 기생충 감염의 위험이 매우 높으므로 조심해야 한다. 그렇다고 바다 생선회가 늘 안전한 것은 아니다. 조개류는 특히 조심해야 한다. 물에 사는 수생 생물은 위에서 설명한 바와 같이 근육이 엉성하여 상하기 쉬우므로 회로 먹을 때 조심해야 한다.

생선살의 단백질은 고기에 비해 불포화지방산이 더 많이 들어 있기 때문에 더 쉽게 분해되고 쉽게 산패한다. 이렇게 단백질이 분해될 때, 아민 화합물들이 생기는데, 그래서 생선은 쉽게 비린내가 난다. 비린내가 난다고 해서 상하여 못 먹게 된 것은 아니지

만 얼마나 상했느냐가 중요하다. 일본에서는 생선을 산 채로 바로 회를 떠 먹는 일은 극히 드물고, 어느 정도(1~3일) 삭혀서 회를 뜬다. 이 생선 비린내를 감소시키기 위하여 레몬을 사용하는데, 레몬의 구연산이 염기성인 아민과 중화 반응을 하여 비린내를 없애기 때문이다. 레몬이 없으면 생선을 소금물에 10분 정도 담가 두어도 비린내를 어느 정도 없앨 수 있다.

구연산(citric acid)
레몬에 들어 있는 상큼한 맛을 내는 것으로, 과일과 청량음료에 많이 들어 있다.

$$
\begin{array}{l}
\quad CH_2-COOH \\
HO\ CH-COOH \\
\quad CH_2-COOH
\end{array}
$$

생선의 불포화지방산은 육류에 많은 포화지방산에 비해 잘 경화(단단하게 굳음)되지 않는다. 그래서 우리 혈액에 녹아들어 갔을 때 동맥경화를 일으키지 않아서 성인병 예방에 좋다고 할 수 있다.

포화지방산과 불포화지방산

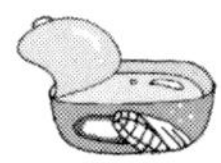

3대 영양소인 탄수화물, 단백질, 지방 중에서 지방은 식물성, 동물성 식품에 폭넓게 함유되어 있다. 지방은 상온 근처에서 액체인 기름(oil)과 고체인 지방(fat)으로 나눌 수 있다. 식물성 지방은 상온에서 대개 액체이며, 동물성 지방은 대개 고체이다. 동물성 지방은 대개 포화지방산으로, 혈액 속에서 응고되어 축적되기 쉬우므로 동맥경화를 일으킬 위험이 있다. 또한 동물성 지방은 콜레스테롤을 함유하므로 동맥 질환에도 좋지 않다. 이에 반해 식물성 지방은 불포화지방산을 많이 함유하고 있어서 상온에서 액체 상태로 있기 쉬우며, 용해성이 좋아서 동맥 내에 축적이 잘 안 된다.

그럼 여기서 포화지방산, 불포화지방산이란 무엇인가? 무엇이 포화되었고 불포화되었다는 이야기인가? 관건은 수소이다. 불포화지방산이란 포화지방산에 비해 수소가 덜 포화되어 있다는 뜻이다. 포화지방산은 수소가 완전히 포화되어 있어서 이중 결합 없이 단일 결합으로 평편하게 죽 펼쳐진 구조이다. 그래서 포화지방산 분자들이 모여 있으면 차곡차곡 쌓여서 높은 밀도로 조밀하

게 덩어리의 구조를 취한다. 그러므로 상온에서 쉽게 고체 상태가 된다. 그러나 불포화지방산은 수소가 덜 포화되어 불포화기를 많이 함유하고 있는데, 이 불포화기는 이중 결합의 형태를 가지고 있어서 단일 결합과 같이 죽 펴진 평편한 구조를 갖지 못하고 꺾인 구조를 갖는다. 이런 불규칙한 구조의 불포화지방산 분자들이 모여 있으면 차곡차곡 쌓이지 못하고 빈틈이 많은 엉성한 구조를 취한다. 그러므로 밀도도 낮고 상온에서 액체 상태가 되기 쉬운 것이다.

식물성 지방 중에서도 땅콩에 포화지방산이 많은 편이고, 홍화씨 기름은 불포화지방산이 많은 편이다. 그런데 이런 불포화지방산은 오래 두면 공기 중 산소나 햇빛 중 자외선의 영향에 의하여 과산화물을 만들고, 그에 따라 분자간 가교 결합을 하며 굳는다. 식용유가 오래되면 색이 변하고 굳은 찌꺼

불포화지방산의 구조

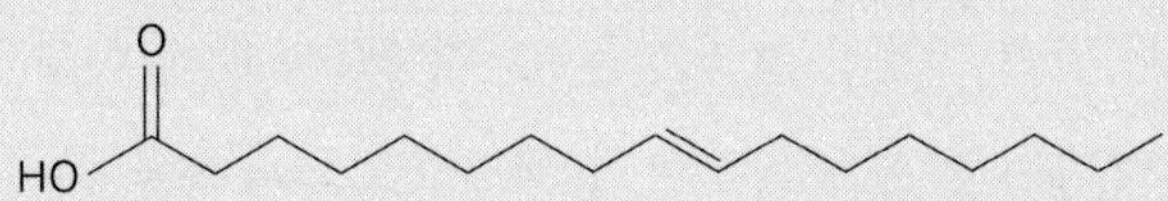

올레산(oleic acid)

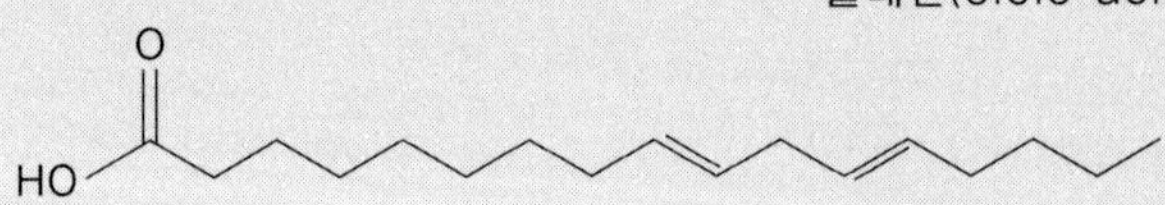

리놀레산(linoleic acid)

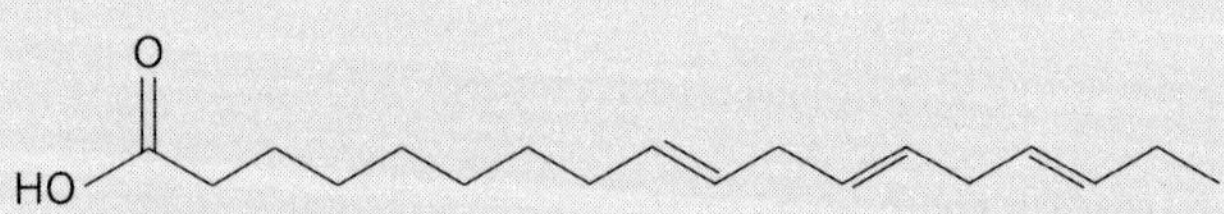

리놀렌산(linolenic acid)

유기 화합물의 약식 표기법

유기 화합물은 구조가 복잡한 경우가 많다. 특히 탄소, 수소가 많이 포함되어 있는데, 보기 쉽게 간단히 표기하기 위해서 탄소와 수소는 생략하여 표기한다. 술의 주성분인 에틸 알콜의 경우를 보자. 이 책에서도 대부분 이 방식으로 표기하였다.

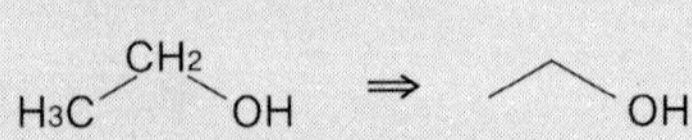

기가 생기는 것은 바로 이런 반응 때문이다. 그래서 액체 식물성 지방은 유효기간 내에 소비하는 것이 중요하다. 그러나 불포화지방산의 이런 성질을 이용하여 페인트나 라커를 만들며, 유화를 그릴 때 아마인유(linseed oil)를 쓰는 것도 바로 이 때문이다.

버터는 동물성 지방산이라서 콜레스테롤을 함유하고 있고, 산패하면 매우 불쾌한 냄새가 나며, 저장하기도 쉽지 않다. 1869년 나폴레옹 3세는 버터를 대신할 값싸고 저장성이 좋은 버터 대용 식품을 공모하였는데, 화학자 히폴리트네즈무리스(Hippolyte Nege-Mouries)가 식물성 지방을 경화하여 만든 마가린이 당선되어 오늘날까지 사용하기에 이르렀다. 식물성 지방은 긴 사슬의 불포화지방산이므로 액체 상태인데, 일부 불포화기를 수소로 포화시키면 버터와 같이 단단해진다. 불포화기가 많이 남아 있을수록 더 소프트한 마가린이 된다. 건강을 위해 식물성 지방을 선호하는 사람은 소프트 마가린을 선택하는 것이 좋다.

불포화지방산 중 필수 지방산이 있는데, 특정한 위치에 불포화기가 들어 있는 오메가-3나 오메가-6 지방은 우리 몸에 꼭 필요하지만, 자체적으로 만들어 내지 못하므로 음식으로 섭취해야 한다. 이들이 풍부한 음식이 생선이다. 옥수수기름, 콩기름, 호두기름에도 들어 있다.

표 1-1 여러 가지 식품의 주요 지방산

탄소수	포화지방산	식품	불포화기수	포화지방산	식품
18	스테아르산 (stearic acid)	돼지기름	1	올레산 (oleic acid)	올리브
16	팔미트산 (palmitic acid)	야자, 사람 지방	2	리놀레산 (linoleic acid)	옥수수
14	미리스트산 (myristic acid)	버터	3	리놀렌산 (linolenic acid)	홍화씨

트랜스지방이란 무엇인가?

요즘 트랜스지방이 몸에 나쁘다고 트랜스지방 함량을 표시하고, 트랜스지방이 조금만 있어도 독약을 먹는 듯 난리를 치는 경우가 많다. 트랜스지방이 뭔데 그렇게 난리일까? 트랜스지방 대신 포화지방산(예를 들면, 버터)을 쓰는 경우까지 있다. 포화지방산을 쓰면 트랜스지방 함량은 검출되지 않는다. 그런데 이건 정말 코미디다. 포화지방산은 트랜스지

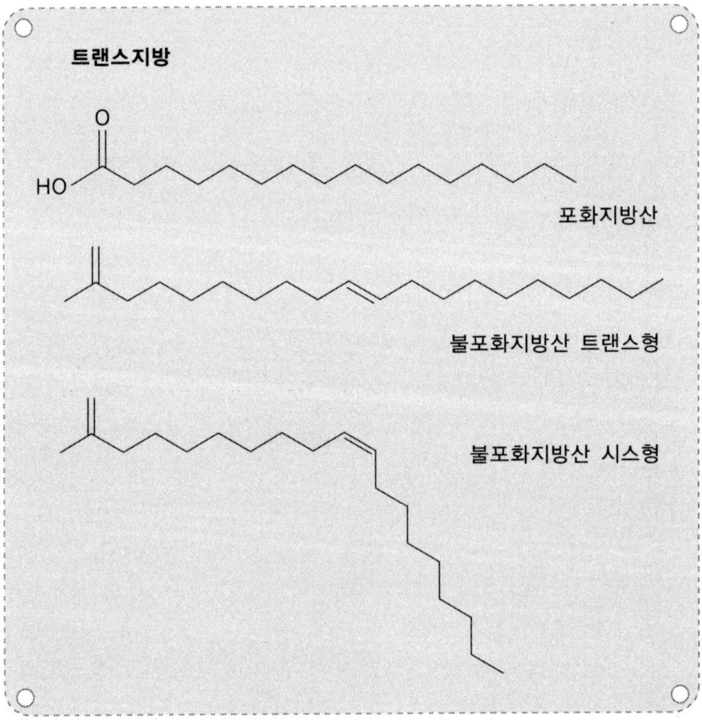

방과 똑같이 나쁘다. 그 이하도 아니고 그 이상도 아니다.

불포화지방산은 이중 결합을 갖고 있어서 그 이중 결합이 유연하지 않고 꺾인 구조를 갖고 있다고 했다. 그런데 그 꺾인 구조가 두 가지가 있을 수 있다. 펼친 구조로 되거나 오므린 구조로 될 수 있다. 문제는 이 이중 결합은 유연성이 없어서 펼친 구조나 오므린 구조가 되면 그것이 그대로 유지되는 데 있다. 펼친 구조를 트랜스 구조(의자형[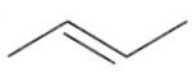]), 오므린 구조를 시스 구조(보트형[])라고 한다. 펼친 구조를 하면 포화지방산과 같이 상온에서 고체가 되도록 차곡차곡 쌓이는 덩어리가 된다는 것이 문제이다. 그러므로 트랜스지방은 불포화지방산이더라도 포화지방산과 같은 문제를 일으킨다. 다시 정리하면 불포화지방산이 좋고 불포화지방산 중에서도 트랜스지방이면 안 된다. 즉, 시스형 불포화지방산이어야 좋다.

우리나라에서 판매하는 모든 식품에는 식약청이 2007년 제정 고시한 법에 따라 영양성분을 표시하게 되어 있다. '1회 분량'이란 제품 단위 포장의 양을 말하며, 제품에 포함된 성분의 양과 일일영양섭취기준량을 나란히 표기하였다.

영양성분

• 1회 분량 40g

영양성분	1회 분당량 함량	%영양소 기준치	영양성분	1회 분당량 함량	%영양소 기준치
열량	380kcal		콜레스테롤	0mg	0%
탄수화물	84g	26%	나트륨	700mg	20%
식이섬유	10g	40%	비타민A	448 μgRE	64%
당류	2g		비타민B1	0.7mg	70%
단백질	6g	10%	비타민B2	0.8mg	67%
지방	2g	4%	비타민C	400mg	400%
포화지방	0g		엽산	160 μg	64%
트랜스지방	0g		칼슘	10mg	1.4%
			아연	3.6mg	2.2%
			철	4.5mg	30%

콜레스테롤이 그렇게 나쁜 것인가?

콜레스테롤은 물에 녹지 않고 단백질과 응고하여 혈관을 수축시키거나 탄성을 잃게 만들기 때문에 동맥경화, 심장발작 같은 많은 심장병을 일으킨다. 콜레스테롤이 과잉이면 동맥경화를 일으켜 나쁘다고 알고 있지만, 부족하면 우울증이나 정신장애가 온다고 한다. 콜레스테롤은 지방은 아니지만 모든 고등 동물들의 뇌, 신경, 근육 등에 존재하는 고리 화합물로서, 콜티손, 프로제스테론, 테스토스테론 같은 호르몬과 비슷한 구조의 스테로이드 화합물이다. 간에서 생성되기도 하며, 동물성 식품에서 섭취하기도 한다. 대부분의 콜레스테롤은 세포막에 포함되지만 7% 정도가 혈관에 들어가서 많은 문제를 일으킨다. 콜레스테롤은 식물성 식품보다 동물성 식품에 많이 포함되어 있다. 육류의 비계 부분, 새우, 달걀노른자 등에 특히 많다.

콜레스테롤(cholesterol)의 구조

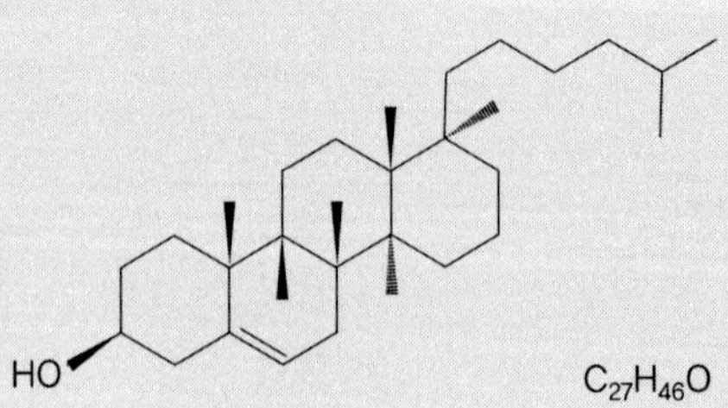

$C_{27}H_{46}O$

마요네즈

마요네즈는 달걀의 노른자와 식물성 기름으로 만든다. 달걀의 노른자에는 레시틴이 포함되어 있어서 식물성 기름과 물이 함께 섞이게 해 준다. 원래 기름과 물은 섞이지 않지만 레시틴이 이 두 성분을 잘 섞이게 해 주는 것이다. 달걀의 노른자는 세제의 주성분인 계면활성제와 같은 역할을 하는 셈이다. 달걀의 노른자가 묻어 있는 그릇이 세제를 쓰지 않아도 거품이 일며 깨끗하게 닦이는 것도 그 때문이다. 레시틴의 구조에서 R_1과 R_2는 긴 지방족 사슬로서 친유성을 가지며, 인산기와 아민기의 이온 부분과 에테르(-0-) 부분은 친수성을 가지고 있기 때문에 계면활성제로서의 역할을 할 수 있다.

레시틴(Lecithin)

[L-alpha-phosphatidyl Cholin(N-trimethyl ethyanolamine)]

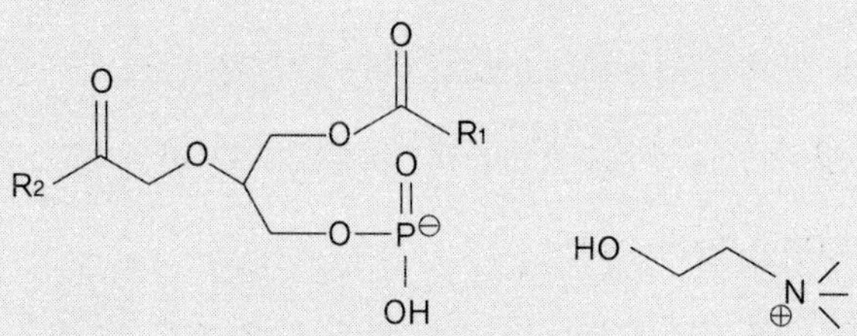

삶은 달걀노른자는 왜 푸른빛을 띠는가?

달걀을 삶으면 노른자가 푸르스름해 질 때가 있다. 왜일까? 달걀이 가열되어 단백질이 분해될 때, 몸에 좋지 않으며 냄새도 나쁜 황화수소(hydrogen sulfide, H_2S)가 생기게 된다. 이 황화수소는 가열하면 공기 중으로 날아가는데, 일부가 노른자에 있던 철과 반응하고 황화 철(iron sulfide, FeS)이 되어 녹색을 띠게 된다. 이럴 때 달걀을 삶아서 바로 찬물에 넣어 식히면 노른자가 파랗게 되는 것을 피할 수 있다.

달걀은 비교적 값싸게 얻을 수 있고 조리가 쉬운 단백질 공급원으로서 우리 식탁에서 차지하는 비중이 높다. 이럴 때 노른자는 수분이 48%, 지방이 32.5%, 단백질이 17.5%이며, 흰자는 수분이 87.8%, 단백질이 11%이다. 다시 말하면 흰자는 지방이 없고 노른자는 지방이 상당히 많이 포함되어 있다. 그러면 노른자는 왜 노란색일까? 노른자에는 약간의 철분이 들어 있는데, 이것이 황적색을 나타내기 때문이다. 노른자의 지방은 구형의 알갱이로 되어 있어 삶으면 단백질 분자들이 뭉치고 고형화하여 부스러지는 것을 볼 수 있다. 노른자에 들어 있는 레시틴은 유화력이 있어서 버터나 마요네즈 제조에 쓰이며, 안료와 섞어서 템페라(tempera)라는 그림 물감으로도 사용하였다. 흰자는 알칼리성이 높으며(pH=7.6 – 9.7), 기포를 잘 만들기 때문에 아이스크림이나 마요네즈를 만들 때 쓰인다.

달걀을 고를 때는 겉껍질이 매끈하지 않은 것을 고른다. 수송 도중에 서로 부딪혀서 매끈해지기 때문에 오래된 달걀은 껍질이 매끈하다. 저장할 때는 뾰쪽한 쪽이 아래로 오게 놓는다. 그 이유는 달걀을 삶아보면 알 수 있듯이 달걀의 뭉툭한 쪽에 공기실이 있어서 이 뭉툭한 쪽을 아래로 놓으면 공기실의 산소와 결합하여 산패하기 쉽다.

싱싱하고 맛있는 채소와 과일 고르기

싱싱한 채소나 과일을 고를 때는 색깔을 잘 보아야 한다. 잎사귀가 달린 것은 그 색이 진한 녹색이어야 싱싱하며, 당근이나 수박, 딸기는 색이 선명한 것이 싱싱하다. 또 하나 싱싱한 것을 나타내는 것이 꼭지이다. 꼭지가 마르거나 검게 되지 않은 것이 신선한 것이다. 형태도 중요하다. 대체로 작은 것이 맛이 좋으며, 오이, 가지, 무, 당근 등 길다란 것은 아래위의 굵기가 크게 차이나지 않는 것이 씨도 적고 맛도 좋다. 또 시금치나 열무 등은 길이가 길기만 한 것보다는 적당히 옆으로 실한 것이 좋다. 양파는 넙적한 것보다 공같이 둥근 것이 더 맛이 좋다. 싱싱한 양파는 전체를 눌렀을 때 탄력이 좋아야 한다. 무는 바람 들지 않은 것을 고르는 것이 중요한데, 잔뿌리가 없고, 무게가 묵직하며, 줄기가 실한 것을 고른다. 감자는 싹이 나면 독이 있으므로 주름이나 샛눈이 적은 것이 좋다. 오이는 중간 표면이 도톨도톨한 것을 고른다. 이런 과일, 채소가 좋은 이유는 성장기에 영양을 고르게 받으며, 수송과 보관 기간이 짧기 때문이다. 대체로 채소나 과일은 수입산보다 국산이 훨씬 맛도 좋고, 저장과 수송에 긴 시일이 걸리지 않았으므로 더 신선하다.

고기보다 더 좋은 된장, 간장, 고추장

고기를 주식품원으로 사용하지 않는 농경 사회인 우리나라에서는 일찍부터 식물성 단백질 식품으로 콩 음식이 발달되었다. 콩은 식물로서는 단백질과 지방이 매우 풍부한 식품이다. 지방도 불포화지방산이 풍부하고, 인지질인 레시틴이 함유되어 있어서 콜레스테롤을 낮추고, 동맥경화에 좋으며, 노화 방지와 비만 방지에도 효능이 있다. 콩을 그냥 조리하면 50% 이하밖에 소화되지 않지만, 발효하면 흡수율이 80% 이상으로 높아진다. 현명한 우리 조상들은 단백질 분해효소, 전분 분해효소를 생성하는 곰팡이, 효모, 세균 등을 이용해 콩을 발효시켜 필수 아미노산을 함유한 메주를 만들었다.

간장과 된장은 이 메주의 맛과 영양을 장기간 보존하기 위한 방법으로 발전된 것이다. 부패 방지와 저장성을 향상시키기 위해 발효시킨 후 소금물을 붓고 가열하여 남은 잡균들을 살균하고, 비용해성 단백질을 응고한 후 걸러서 액체는 간장으로, 찌꺼기는 된장으로 쓴다. 청국장은 간장을 추출하기 전에 메주를 직접 40~45도에서 2~4일 발효하여 전체를 장으로 쓰는 것이다.

간장은 크게 양조간장과 화학간장이 있으며, 이 둘을 적당히 섞은 제품들도 많다. 양조간장은 위에서 설명한 바와 같이 삶은 콩과 밀을 누룩으로 자연 발효시킨 메주로 뜬 간장이다. 화학간장은 콩 등에서 얻은 단백질을 염산으로 가수분해하고, 가성소다로 중화시켜 만든 아미노산에 소금을 혼합하여 만들며, 산분해간장이라고도 한다.

고추장은 메주에 여러 가지 곡류와 엿기름을 더하고 발효시켜서 만든 우리나라만의 독특한 조미식품이다. 고추장에 넣는 고추는 당분, 단백질, 지방, 비타민이 모두 풍부한 식물이다. 태양초 고추는 햇빛에 말린 고추를 말한다. 고추에는 캡사이신(capsaicin)이 풍부하며, 이것이 비만 방지나 항암 작용 등을 한다고 알려져, 이웃 나라 일본에서는 젊은 여자들이 고춧가루를 대량으로 복용한다는 사실이 외신을 통하여 알려졌다. 이 캡사이신은 진통 효과도 있는 것으로 알려져 있으며, 지금도 그 효능과 응용에 대한 연구가 진행되고 있다.

캡사이신(capsaicin)의 구조

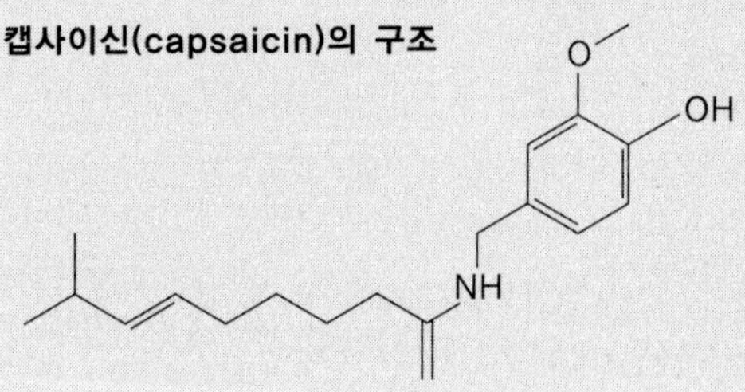

비지와 두부

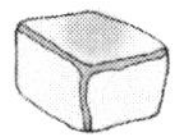

콩을 갈면 주단백질인 글리신(glycine)이 용출되는데, 이것을 70도 이상으로 가열하여 그대로 짜내면 비지가 되고, 여기에 응고제로 간수(주성분은 염화마그네슘, 황산마그네슘)나 염화칼슘, 황산칼슘을 넣어 가교 반응을 일으켜 덩어리로 침전시키면 두부가 된다. 두부나 비지는 성분이 거의 같지만, 두부가 저장성이 더 좋고, 비지에는 없는 칼슘을 함유한다. 두부와 비지는 식물성 단백질의 공급원으로서 당뇨병이나 혈관 질환, 심장 질환에 좋다.

글리신의 가교 반응으로 응고하여 두부가 되는 반응

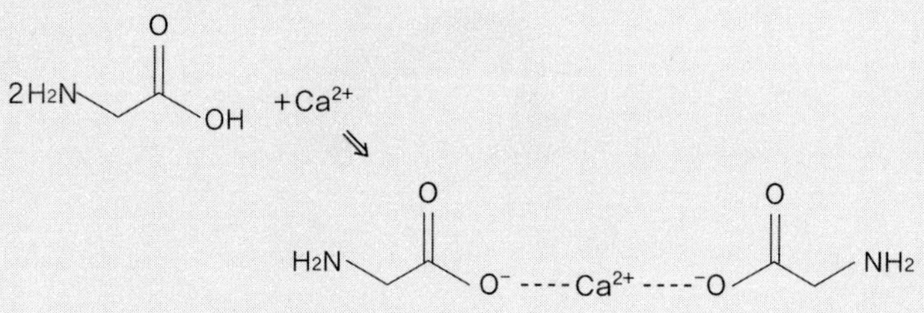

빨리 익고 오래 맛있는 김치

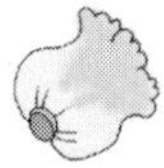

김치는 우리 겨레의 전통 식품으로, 근래에는 그 효능과 뛰어난 맛이 과학적으로도 인정받아 세계적인 식품으로 주목을 받고 있다. 김치의 역사는 매우 오래되었다. 중국 시경에 담근다는 뜻의 저(菹)가 기록되어 있고, 삼국지 동이전에도 한반도 사람들이 소금을 이용하여 채소를 절인다는 말이 나오며, 삼국사기에도 해(醢 , 젓갈 해)라는 지금의 식해에 해당하는 절인 음식에 대한 언급이 있다. 이처럼 우리나라는 일찍부터 소금에 절인 채소 음식이 발달했다. 고려 때 소금에 절인다고 해서 염지 또는 지(漬, 담글 지)라고 했었으며, 황해도, 함경남도, 전라도에서는 지금도

'짠지' 라고 부르기도 한다. 이 고려의 '지' 가 일본 음식에 영향을 주어 일본식 단무지로 발전되었다고 한다. 우리나라 사람들이 고추를 먹기 시작한 것은 그렇게 오래된 일은 아니다. 조선 임진왜란 전후에 고추가 들어와 김치에도 고추가 들어가게 되었고, 침채(沈菜)라고 부르다가 구개음화로 인해 김채를 거쳐 김치로 정착되었다고 사료된다.

김치가 익는다는 것은 젓산, 숙신산 등이 많이 생기면서 부패성 미생물이 생기는 것을 막고, 탄산 가스와 에틸 알콜이 생겨 상쾌한 맛이 생기는 것이다. 익는 과정에서 젓산은 증가하고 환원당은 감소하는데, 덜 익었을 때는 젓산이 적고 당분이 많아 깊은 맛이 없으며, 너무 익어 시었을 때는 젓산이 너무 많고 당분이 적어지므로 신맛이 강해진다. 김치가 가장 맛있을 때는 그 조화가 잘 맞았을 때이다. 영양학적으로도 가장 좋을 때이며, 비타민 B, C도 풍부하다고 한다. 김치의 최적 숙성 기간은 소금 농도와 온도에 따라 다르다.

표 1-2 김치의 최적 숙성 일수

숙성 온도 \ 소금의 농도	2.3%	3.5%	5%	7%
30도	1~2일	1~2일	2일	2일
20도	2~3일	2~3일	3~5일	10~16일
14도	5~10일	5~12일	10~18일	13~22일
5도	35~180일	55~180일	90~180일	

(민익태, 권태완, 한국식품과학회지 16(4) 26(1984))

김치의 영양은 고추에서 비타민 A, C가 공급되고(고추에는 비타민 C가 사과의 50배나 들어 있다), 젓갈에서 아미노산과 비타민 B가 공급되며,

마늘에서 알릴 설피드가 항균 작용을 하며 비타민 B의 흡수를 돕는다. 숙성 과정에서 많은 유기산, 즉 젖산(lactic), 옥살산(oxalic), 말론산(malonic), 숙신산(succinic), 사과산(malic), 구연산(citric) 등이 다량 생성되며, 김치가 익을수록 젖산과 숙신산이 많아지고, 짠 김치는 구연산이 많아진다.

김치가 빨리 시지 않고 오래 좋은 맛을 보존하려면 공기 접촉에 의한 산화를 막거나 미생물의 번식을 억제하면 된다. 젖산이 너무 많아지면 시게 되고, 채소의 팩틴질이 분해되면 물러져서 먹기에 좋지 않다. 저온에서 천천 히익혀야 좋고, 장독을 잘 닫 아 공기와의 접촉을 최대한 막아야 하며, 두 포기 정도씩 비닐에 포장하여 장독에 넣어 두는 것도 좋은 방법이다. 김치를 담글 때 겨자유나 갓을 넣으면 장시간 시지 않게 보존할 수 있고, 달걀 껍질이나 조개 껍질, 또는 밤 껍질을 헝겊에 싸서 김치 사이사이에 넣어 두어도 빨리 시는 것을 어느 정도 막을 수 있다.

알릴 설피드(allyl sulfide)의 구조

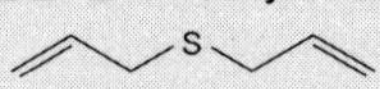

젖산(lactic), 숙신산(succinic)의 구조

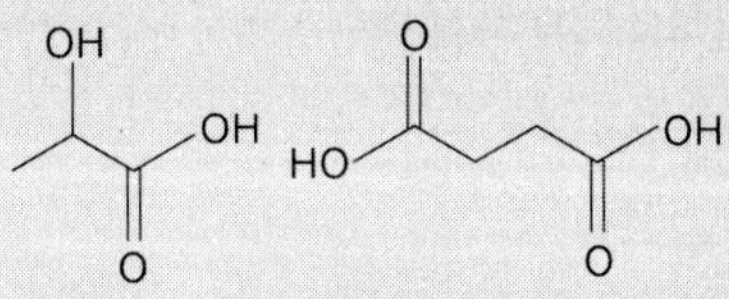

비타민(vitamin)A와 C의 구조

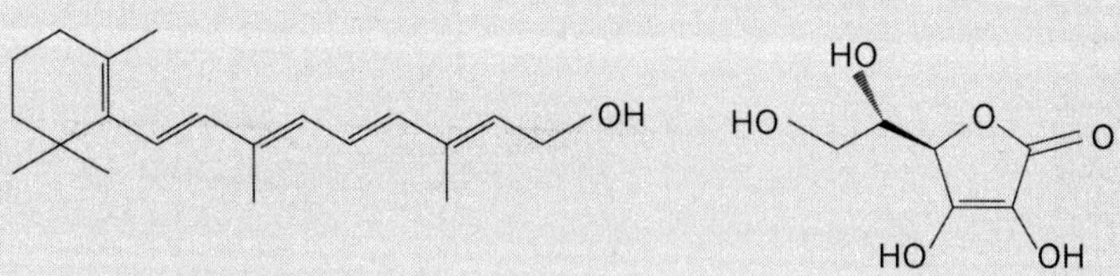

감칠맛을 내는 솜씨

요리를 할 때 맛을 내기 위해 조미료를 쓰는데, 맛의 종류에 따라 감미료(단맛), 산미료(신맛), 염미료(짠맛), 지미료(감칠맛) 등으로 나눈다. 감미료는 설탕과 인공 감미료, 산미료는 식초, 염미료는 소금과 간장 등이며, 보통 감칠맛, 미묘한 맛을 내는 지미료만을 조미료로 언급한다.

조미료의 주성분인 글루타민산 소다(MSG, monosodium glutamate)는 자연계에 아주 흔한 아미노산이며, 다시마 등 해조류에 풍부하게 들어 있다. 옛날에 음식의 맛을 좋게 하기 위해 다시마 국물을 쓰곤 했는데, 바로 이것이 천연조미료 역할을 한 셈이다. 글루타민산 소다는 버섯, 토마토, 콩 등에도 함유되어 있으며, 너무 많이 섭취하면 손발이 저리거나 두통과 구토가 난다고 알려져 있다. 가다랭이 같은 어류나 버섯 등에서 추출한 핵산을 글루타민산 소다와 함께 쓰면 맛을 더 풍부하게 한다는 것이 밝혀져 핵산 조미료도 시판되고 있다.

글루타민산 소다(MSG)의 구조

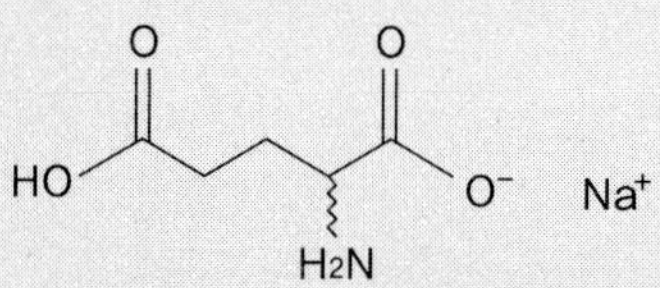

아스파탐과 올리고당

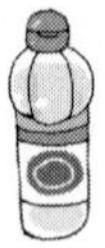

탄수화물(당질)의 과다 섭취가 당뇨병, 비만 등 성인병을 증가시킴에 따라 설탕을 대신할 저칼로리 또는 저흡수형 감미료가 많이 개발되었다. 과거에 많이 사용하던 사카린(saccharin)은 보통 설탕의 가격보다 30배 이상 싸서 경제적이지만, 발암성이 있다는 주장이 있어서 캐나다, 프랑스, 이스라엘에서는 사용을 금지시켰다. 그러나 그 위해성은 아직 입증되지는 않은 실정이다. 다만 세계보건기구(WHO)에서 일일 섭취 허용량을 2.5mg/Kg(체중)으로 정하고 있다. 우리나라는 소주와 간장 등에 사용하지 못하게 법으로 규제하고 있다.

사카린 대신 주로 사용되는 인공 감미료는 아스파탐이다. 단백질과 같이 인체 내에서 대사되지만 설탕에 비해 감미도가 200배 이상 높으므로 소량을 사용해도 같은 효과를 내기 때문에 경제적으로 또 의학적으로도 좋다. 국내 식품 브랜드인 청정원에서 나오는 그린스위트는 아스파탐이며, 제일제당의 화인스위트는 아스파탐에 유당을 섞어서 맛과 감미도를 조절한 제품이다. 그러나 아스파탐은 열에 약하고 잘 분해되어 감미력을 잃어버리기 쉬운 단점이 있다.

우리나라 소주에는 대부분 열안정성이 좋은 스테비오사이드(stevioside)를 사용하고 있으며, 다른 식품에도 그 사용이 확대되고 있다. 아스파탐과 비슷한 감미도와 가격을 갖는 스테비오사이드는 남미 파라과이가 주산지인 스테비아(stevia)라는 식물에서 추출한다.

요즘 많이 사용되는 올리고당(oligosaccharide)은 인체에서 대사되지 않기 때문에 다이어트 감미료로 알려져 있다. 올리고라는 말은 크지도 작지도 않은 중간 정도의 길이를 말하는데, 올리고당이란 단당류나 이당류보다는 좀 더 길고 다당류보다는 짧은 당류를 말한다. 이것은 장내 유산균 증식을 도와주는 기능도 하는 것으로 알려져 있다.

사카린(saccharin)의 구조

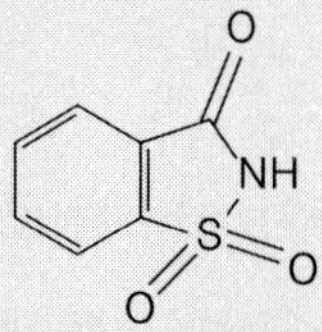

아스파탐(aspartame)의 구조

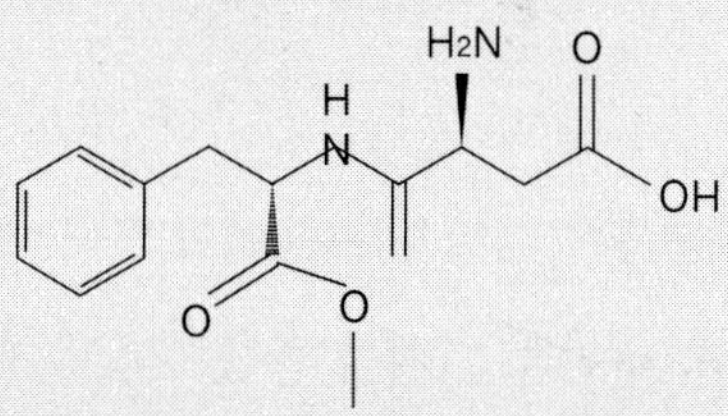

스테비오사이드(stevioside):

올리고당(oligosaccharide)은 분자량이 몇백~몇천 정도 되는 길지도 짧지도 않은 글리코사이드의 중합체이다.

이스트와 베이킹 파우더는 같은 것인가?

우리도 이제 빵을 많이 먹게 되었다. 빵을 만들 때 부풀게 하기 위하여 베이킹 파우더나 이스트를 쓴다. 이 둘은 같지 않다. 이스트는 미생물이고 베이킹 파우더는 화학 합성물이다. 그 주원료는 탄산수소소듐(sodium bicarbonate)이며, 여기에 타르타르산 등이 첨가된다. 순수한 탄산 소듐을 베이킹 소다라고 한다. 빵을 부풀게 하는 원리는 빵이 익을 동안 이산화탄소 기체를 발생시켜서 기체 방울이 빵 안에 갇혀 있게 하는 것이다. 그러니까 이스트는 생물학적 방법으로 기체를 발생하고, 베이킹 파우더는 화학적으로 기체를 발생시킨다는 점만이 다르다. 이스트는 살아있는 미생물이므로 그 저장과 취급이 쉽지 않고, 여러 가지 변수가 많아서 일정하게 조절하는 것이 쉽지가 않다. 그래서 대부분의 상업적 제빵·제과업자들은 베이킹 파우더를 사용한다.

탄산수소소듐(sodium bicarbonate)

$$\mathrm{HO - \overset{\overset{\displaystyle O}{\|}}{C} - O^{\ominus}\,Na^{\oplus}}$$

Part 2

기호식품 및 건강식품 코너

식사 직후 디저트나 간식도 우리 식사를 즐겁게 하는 생활의 한 부분이다. 건강과 영양을 감안하여 한 잔의 차, 커피, 술은 향기로운 생활을 만들 수도 있으며, 아이스크림이나 젤리, 초콜릿은 아이들이 매우 좋아한다. 더운 여름에는 음료도 많이 마시게 되는데, 다이어트에 도움을 주는 것들도 있다. 건강에 대한 관심이 고조됨에 따라 수많은 건강식품들이 시중에 나와 있다. 적절하게 사용하면 큰 병을 막을 수 있다.

적포도주는 검은 포도로, 백포도주는 청포도로 만드는가?

술의 주성분은 에틸 알콜(CH_3CH_2OH)이다. 술을 많이 마시면 머리가 아프게 되는데, 이는 술에 에틸 알콜 이외에 소량의 메틸 알콜(CH_3OH)이 섞여 있고, 에틸 알콜이 체내에서 산화되어 아세트 알데히드로 변하기 때문이다. 좋은 술이란 이런 메틸 알콜이나 알데히드가 적은 술이다. 양주를 마시면 괜찮은데 소주를 마시면 머리가 아프다고 이야기하기도 하지만, 사실 이는 심리적인 선입관인 경우가 많으며, 소주의 경우 보통 안주가 부실하고 양주보다 훨씬 많은 양을 마시게 되어 속이 불편해지는 경우가 많다.

술을 만들기 위해서는 누룩이 필요하다. 누룩은 술을 발효시키는 효소를 갖는 곰팡이를 곡류나 감자류에 배양시킨 것이다. 이때 곰팡이의 종류와 곡류나 감자류의 종류와 조건에 따라 여러 가지 술이 된다. 프랑스의 포도주, 독일의 맥주, 러시아의 보드카, 일본의 정종과 같이 각 나라마다 특징적인 술이 있는데, 우리나라는 막걸리를 꼽지 않을 수 없다. 쌀가루와 누룩을 함께 2~3일 발효시켜 얻은 밑술(술덧)을 증류하거나 분류하지 않고 그냥 막 걸러낸 술이라고 막걸리라고 한다. 쌀가루 때문에 뿌여므로 탁주라고도 한다. 알콜 농도는 4~5도 정도 된다. 4~5일이 지나면 산패하여 신맛이 심하게 나서 먹을 수 없다.

지금은 국민주로 자리잡은 소주는 아라비아에서 몽고를 거쳐 우리나라에 전해진 것으로 알려져 있다. 발효시킨 밑술을 증류하는데, 그 증류하여 제조하는 방법에 따라 증류식과 희석식으로 나눈다. 증류식은 증류 온도의 폭이 넓어 순수한 알콜과 함께 수분과 향을 포함한 여러 성분을 함께 응결시켜 만들며, 다양한 전통주들이 이에 속한다. 희석식은 순수 알콜을 증류해서 만든 주정을 희석해서 향과 감미료를 첨가해서 만드는 소주로, 우리나라 대부분의 소주가 이에 속한다.

정종은 일본의 대표적인 술로, 본래 우리나라의 막걸리에서 발전된 것으로 본다. 즉, 막걸리 만드는 것과 유사하게 밑술을 만든 다음 부유물을 제거하기 위해 여과하여 맑은 청주를 얻는다. 이것을 가열·살균하여 저장성을 높이고, 알콜을 더하여 도수를 높인 것이 정종이다. 정종을 데워 먹는 것은 특별한 이유는 없으나, 이렇게 마시면 빨리 취하게 된다.

고량주는 중국의 대중술인데, 보통 다른 술들은 액상으로 발효하는 반면, 고량주는 물을 넣지 않고 고량이라는 곡식을 고체 상태 그대로 발효하여 증류하므로 도수가 50~60도 이상으로 높은 것이 특징이다.

맥주는 보리와 호프로 만드는데, 호프가 거품의 생성을 도우며, 방부와 가미의 역할을 한다. 병맥주는 가열·살균한 것이고, 가열하면 호프의 맛과 향이 감소한다고 해서 가열하지 않고 여과하여 미생물을 없앤 것이 생맥주이다.

위스키는 맥아(malt)를 발효시켜 증류하여 만든다. 원 증류액을 오크통 속에 오랫동안 저장하면 나쁜 냄새와 성분들이 나무에 흡착되고, 나무의 탄닌, 리그닌 등이 용출되어 독특한 향이 생긴다.

포도주는 포도로 발효시키는데, 그 중 붉은 포도주는 껍질을 함께 써서 고온 숙성시키며, 여러 가지 발효균을 통해 오크통 속에서 오래 숙성시켜 만든다. 백포도주는 껍질을 빼고 신선한 과즙만 쓰며, 단순한 미생물이 관여하고, 저온에서 단기간 숙성한다. 샴페인은 이차 발효할 때 발생하는 탄산가스가 알콜과 결합하도록 상당 기간 동안 밀폐시켜 만든다. 꼬냑은 브랜디라는 종류의 술이다. 브랜디란 과일을 발효시켜 만드는 술의 총칭인데, 프랑스의 꼬냑과 아르마냑 지방에서 포도주를 증류한 주정을 위스키처럼 오크통에서 다년간 숙성한 것을 꼬냑이라고 한다.

에틸 알콜(에탄올, ethanol)과 메틸 알콜(메탄올, methanol)
이 둘은 구조가 아주 비슷하나 에틸 알콜은 먹어도 되고, 메틸 알콜은 독극물이다. 사람에 따라 차이는 있지만 7~10mL면 실명하며 30~250mL면 죽음에 이른다.

알콜이 체내에서 하는 변화
에틸 알콜은 산화하여 아세트 알데히드가 되고 이것이 머리를 아프게 하며, 이 알데히드가 산화하여 초산이 되면 술이 깨는 것이다.

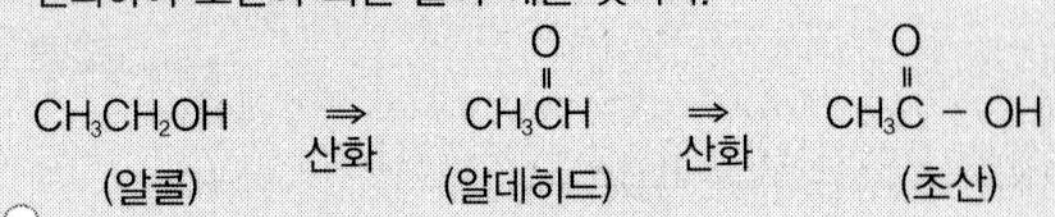

커피, 카페, 에스프레소

커피는 아프리카가 원산지인 커피나무의 열매를 볶아서 그 향과 맛을 즐기는데, 보통 아라비카와 로부스타가 있다. 아라비카가 60% 이상을 차지하며, 그 중에서 신맛이 강한 브라질산이 30%로 제일 많고 브랜디에 많이 쓰이며, 맛과 향이 부드러운 마일드는 에티오피아에서 주로 생산된다. 로부스타는 카페인 함량이 높아 쓴맛이 강하나 값싸서 인스턴트 커피에 쓰인다.

커피의 주성분으로 알려진 카페인은 무색무취에 약간 쓴맛이 나는 트리메틸 크산틴 화합물로서 원두 커피 한 잔에 100~150mg, 인스턴트 커피 한 잔에 40~110mg 함유되어 있다. 300mg 이하를 복용하면, 즉 두 컵 이하를 마시면 각성 효과, 피로 회복의 효과가 있다. 카페인은 기초 대사량을 5~25% 증가시키고, 혈관 확장과 혈류량 증가를 가져오며, 혈압을 상승시킨다. 하루에 다섯 잔 이상의 커피를 마시는 사람은 심장 질환 발병률이 2.8배 높아진다는 보고가 있고, 아홉 잔 이상을 마시는 사람은 혈청 콜레스테롤 수치가 14% 높게 나타난다고 보고된 바 있다. 임신 중 하루 세 잔 이상의 커피를 마시면 태아 몸무게가 기준에 미달될 확률이 높다는 보고도 있다. 커피는 정기적으로 마시면 중독성이 있다.

카페(cafe)는 커피의 프랑스어이고, 프랑스나 이탈리아에서는 에스프레소라는 아주 진한 커피를 마신다. 일반 아메리카 커피 큰 잔으로 두 잔 정도 뽑을 원두로 10~15mL 정도 아주 작고, 진하게 뽑아서 만든다. 맛이 쓰지만 느끼한 고기를 먹은 후 에스프레소 한 잔을 마시면 입 안이 개운하고 향이 가득 차 기분이 좋아진다. 에스프레소에 우유를 조금 넣어 거품을 낸 것을 이탈리아에서는 카푸치노, 프랑스에서는 카페올레라고 한다. 요즘 인기가 많은 블루마운틴 커피는 일본이 자메이카에 투자하여 재배한 커피로, 가장 값이 비싼 원두이다. 영국 엘리자베스 여왕이 즐겨 마셨다고 해서 유명해졌다.

크산틴(xanthin) 구조

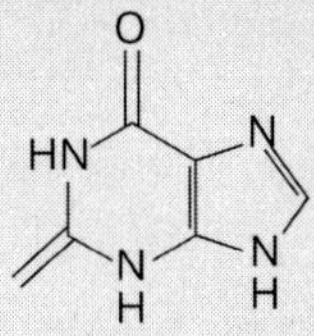

카페인(caffein) 구조

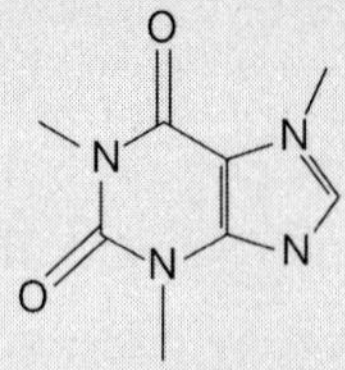

홍차, 녹차, 우롱차는 식물 차이가 아니다

홍차, 녹차, 우롱차를 만드는 차나무는 덥고 습한 동남아에서 많이 자라는 식물인데, 잎을 따서 그대로 쪄서 우려내면 녹차, 발효시켜서 우려내면 홍차, 홍차의 반 정도 발효하여 우려내면 우롱차가 된다. 성분은 보통 폴리페놀 화합물, 카페인, 엽록소, 탄닌산 등 아미노산들이다. 차의 탄닌산은 발암 원인으로 주목 받는 불안정한 산소 라디칼을 없애는 효과가 있어서 항암 효과가 있다고 알려져 있다. 찻잎 성분 중 카테친이라는 탄닌류가 콜레스테롤과 혈압을 낮추고, 수은, 납, 크롬, 카드뮴, 구리 등 중금속과 결합물을 잘 형성하여 배설을 유도하므로 해독 작용도 있다고 한다. 그 밖에 당뇨병, 변비, 천 식등에도 효과가 있다고 한다.

카테친(catechin)의 구조

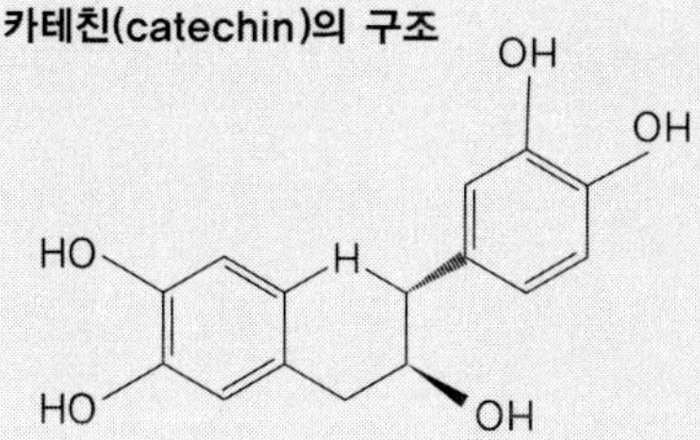

초콜릿은 건강에 좋을까?

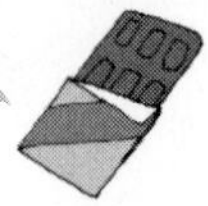

카카오 열매 속의 딱딱한 것을 살짝 볶아서 발효시킨 후 향료와 갈색 색소, 크림색 색소(밀크 초콜릿)를 넣어 초콜릿을 만든다. 약 50%의 지방, 약 20%의 탄수화물, 약 10%의 단백질, 소량의 탄닌, 무기물 등을 포함하고 있다. 우리가 먹는 블랙 초콜릿은 카카오를 50% 이상 함유하며 여기에 우유, 당분 등을 첨가한다.

밀크 초콜릿(화이트 초콜릿)은 카카오를 20% 정도 포함시키며, 나머지는 분유를 넣어 만든다.

초콜릿 또는 카카오는 건강에 좋은가? 이 질문에는 좋은 소식과 나쁜 소식이 함께 있다. 카카오에 포함된 지방은 식물성 지방 같지 않게 포화지방산이 30% 이상이다. 포화지방산은 각종 성인병과 비만을 유발한다. 그러나 최근의 연구에 의하면 카카오에 포함된 폴리페놀 성분이 항산화제로서 항암 효능이 있고, 심혈관 질환, 만성피로증에 좋다고 한다.

아이스크림은 거품 맛

아이스크림은 서양에서 전해진 것으로 알고 있지만, 1295년 동방견문록을 쓴 마르코 폴로가 물과 우유를 얼려서 만드는 중국의 아이스크림 제조법을 서양에 가져가서 만들게 된 것이다. 그보다 전에 중국의 왕과 알렉산더 대왕이 눈과 과일즙 등을 섞어서 먹었다는 기록이 있다. 현미경으로 보면 우유의 지방 입자가 언 사이사이에 기포가 분포되어 있는 것을 볼 수 있다. 기포가 많을수록 소프트하고 덜 차게 느낀다. 아이스크림이 녹았다가 다시 얼면 기포가 없어져 딱딱하고 너무 차서 이가 시리게 된다.

네 가지 철자를 가진 요구르트

요구르트는 yogurt, yogourt, yoghurt, yoghourt 네 가지 철자를 가진다. 우유 등을 젖산균으로 발효시킨 것인데, 장을 이롭게 하는 살아있는 젖산균을 함유하고 있어서 건강식품으로 애용되고 있다. 인체의 장내에 증식하고 있는 비피더스균을 함유한 요구르트도 시판되고 있다. 서양에는 아무 감미료도 넣지 않은 플레인 요구르트(plain yoghurt)가 많은데, 요리와 디저트에 사용한다. 마시는 요구르트나 칼피스 등의 액상 요구르트 음료는 살균하고 희석한 것이다.

여기서 쇠도 녹이는 튼튼한 위장을 만드는 비법을 알아보자. 즉, 강력한 소화 기능이다. 잘 먹고 잘 싸면 장수한다고 하는데, 바로 위장의 중요성을 말하는 것이다. 우리는 보통 소화 능력이 내 장기(위장)의 능력으로부터 나온다고 생각할 수 있다. 그러나 사실은 내 자신의 능력이 아니라 우리 위장에 서식하고 있는 소화를 돕는 세균의 능력에 힘입은 것이다. 이러한 세균들을 잘 키우려면 자극성 강한 음식을 피하고 유산균, 젖산균이 풍부한 발효음식을 많이 먹는 것이 좋다. 요구르트나 김치 등이 도움이 된다.

또 한 가지 튼튼한 위장에 도움을 주는 것은 위장에 진동을 주는 것이다. 많이 걷고 운동하는 것이 위장을 튼튼하게 한다. 그래야 위장 주위의 근육이 발달하여 위장의 소화 운동을 원활히 할 수 있게 해 준다.

살아서 장까지 가는 요구르트의 기술

의약의 효능을 극대화하기 위한 운반체로 고분자를 사용한다. 모든 약은 어느 정도의 부작용이 있고, 약의 용량을 많게 하면 극히 위험하기도 하다. 약을 계속 복용할 수는 없으므로 일정 시간 간격으로 약을 투여하게 됨은 피할 수 없다. 투여한 초기에는 약의 체내 농도가 필요량보다 훨씬 높게 되고, 시간이 지나면 약의 농도가 낮아질 것이다. 그러나 하루 한 번 투여하고도 24시간 일정한 혈중농도를 유지시킬 수 있는 방법이 있다. 그 한 예가 파스이다. 파스를 붙이면 파스의 약 성분이 장기간 일정량만큼씩만 피부를 통하여 인체에 유입된다. 이렇게 하면 약의 부작용을 없앨 수 있고, 약을 낭비 없이 사용할 수 있을 뿐 아니라 약의 투여를 자주 하지 않아도 된다. 또 하나의 기술은 미세캡슐화(microencapsulation)인데, 약을

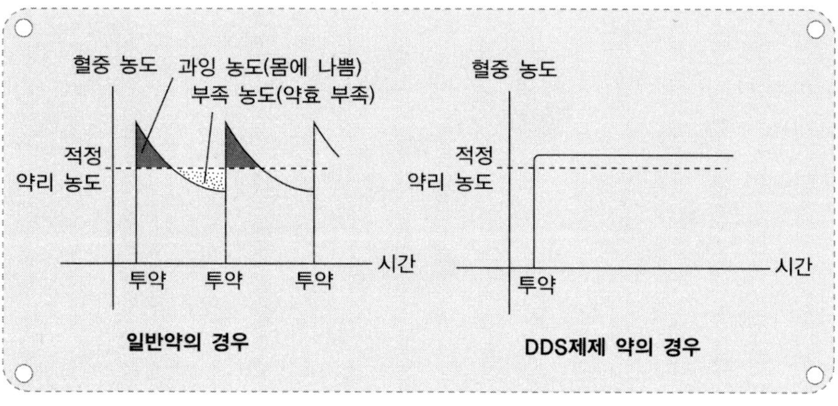

고분자로 만든 아주 작은 캡슐로 싸서 투입하면 캡슐의 표면을 통해 일정량이 유출되도록 조절이 가능하다. 이렇게 방출량을 일정하게 조절하는 기술을 DDS(drug delivery system)라고 한다. 이러한 원리는 농약에도 응용되어 생태계에 큰 부작용을 주지 않고 최소의 농약을 사용하는 저공해 농업에 기여하기도 한다.

특히 많은 약 성분들이나 영양분 또는 유산균 같은 몸에 이로운 물질을 장까지 안전하게 보내기 위해 이 마이크로캡슐 기술을 사용한다. 일반 요구르트의 유산균은 위에서 위산을 만나 대부분 파괴되고 일부분만 장까지 간다. 그러나 캡슐 기술을 사용하면 위에서 파괴되지 않고 장에 도달할 수 있다. 캡슐 요구르트를 먹을 때 캡슐을 깨트리는 게 재미있다고 모두 씹어서 먹으면 안 된다.

젤리는 꿀에 녹용을 섞은 것?

우리나라의 식탁에서는 아직 쉽게 볼 수 있는 식품은 아니지만, 슈퍼 또는 뷔페에서 쉽게 만날 수 있는 디저트 중에 빨갛고 파랗고 노란 투명한 젤리가 있다. 아무 영양도 없고 모양과 단맛으로만 먹는 것이라고 생각하여 아이들이 먹는 것을 걱정스럽게 쳐다보기도 한다. 사실 젤리는 90% 정도는 당분이고, 10% 정도는 젤라틴이다. 동물의 피부나 연골 등에 콜라겐이라는 단백질이 있는데, 부분적으로 분해시켜 수용성으로 만들어 투명한 윗부분을 모은 것이 젤라틴이고, 여러 나머지 성분이 있는 하층의 점착성 성분이 아교이다. 이 젤라틴은 낮은 온도에서는 고체상태의 젤(gel)이 되고, 온도를 높이면 유동성이 있는 졸(sol) 상태가 된다. 젤 상태를 젤리라고 한다. 꿀의 주성분이 당분이고, 녹용에 많이 들어 있는 성분이 젤라틴이므로 젤리는 꿀에 녹용을 섞어 놓은 것이라고 해도 될까? 물론 당분을 과다 섭취하는 것은 좋지 않다.

다이어트 음료의 비밀

시중에 다이어트 음료가 많다. 이들은 대개 식이섬유를 함유하고 있다고 한다. 식이섬유란 무엇이며, 어떻게 다이어트에 유익하다는 걸까? 우리 몸은 유지와 활동을 위하여 영양이 필요하다. 에너지를 공급하는 3대 영양소가 탄수화물, 지방, 단백질인 것은 잘 알고 있다. 영양소를 섭취하여 우리가 필요한 에너지로 변환하는 과정을 소화라고 한다. 화학적으로 이야기하면 소화는 화학적 분해 반응이다. 그러나 우리 몸이 모든 물질을 다 소화할 수 있는 것은 아니다. 당류라고도 부르는 탄수화물 중에서도 곡식류는 우리가 먹을 수 있는 아밀로즈가 주성분이다. 그러나

보통 풀이나 나무는 우리가 먹어도 소화가 되지 않는다. 풀이나 나무는 주로 셀룰로즈라는 당류로 구성되어 있는데, 우리 몸에 셀룰로즈를 분해하는 소화 효소가 없기 때문이다. 이와는 달리 염소는 셀룰로즈를 분해하는 효소가 있다.

이와 같이 우리가 소화시킬 수 있는 아밀로즈와 거의 비슷한 구조를 가지면서 소화가 안 되는 탄수화물도 있다. 나무나 풀, 종이의 주성분인 셀룰로즈도 그렇고, 게 껍질에서 추출하는 키토산도 그렇다. 덱스트린이나 올리고당도 약간 단맛이 나는 당류지만 소화가 잘 되지 않는다. 이런 것을 섭취하면 소화시키기 위해 위가 물리적 운동만 많이 하고 소화는 시키지 못한다. 더군다나 이런 식이섬유는 분자량이 큰 섬유질이므로 부피가 크다. 이런 것을 섭취하면 소화를 위한 위 운동이 활발해져서 배에 포만감만 줄뿐이고, 결국은 몸밖으로 모두 배출되므로 다이어트에 도움을 준다. 여기에 여러 가지 몸에 좋은 무기질이나 비타민이 첨가되어 있으면 더욱 좋을 것이다.

덱스트린(dextrin):
포도당(dextrose)이 여러 개 결합하여 만들어진 다당류이다. 미에로화이바나 그 밖의 많은 다이어트 음료에 포함되어 있다. 분자량이 커서 단당류인 설탕처럼 체내에 흡수되지 않고 그대로 배출된다.

덱스트로즈(dextrose)의 구조(글루코즈, glucose라고도 한다)

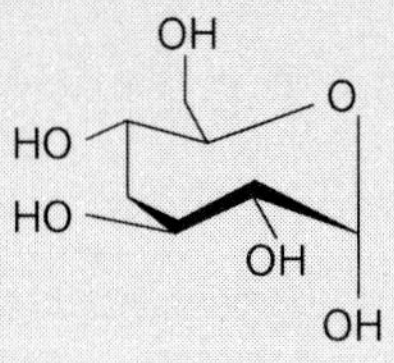

인삼제품

인삼은 예로부터 한국을 비롯한 중국과 일본 등지에서 보혈강장제로 애용되어 온 약초이다. 과거 인삼 산지로는 개성, 풍기, 금산 지역이 유명하나, 최근에는 포 천, 홍 천, 춘 천등이 홍삼용 인삼 산지로 유명하다. 인삼에는 수삼, 백삼, 홍삼 세 종류가 있다. 수삼은 가공하지 않은 그대로의 인삼이며, 백삼은 껍질을 벗겨 낸 후 건조시킨 것이고, 홍삼은 껍질째 증숙 과정을 거쳐 가공된 것으로 오래 저장할 수 있다는 장점을 지니고 있다. 인삼으로 가공된 제품으로는 절편, 분말, 엑기스, 정제, 차, 음료 등이 있고, 인삼과 함께 녹용, 영지 등의 다른 약제를 첨가한 제품도 있다.

고려인삼의 유효 성분 가운데 가장 많이 밝혀진 화합물은 사포닌으로서, 다른 식물의 사포닌과는 화학 구조와 생리적 활성이 다르다. 이에 따라 인삼 사포닌을 특별히 진세노사이드(ginsenoside)라고 부른다. 지금까지 30여 종의 인삼 사포닌의 화학 구조가 밝혀졌고, 화학 구조의 특성에 따라 프로토파낙스디올(protopanaxdiol, PD)계, 프로토파낙스트리올(protopanaxtriol, PT)계, 올레아난(oleanan)계로 구분한다. 고려인삼의 사포닌 종류는 30여 종으로, 미국삼 14여 종, 전칠삼 15여 종에 비하여 월등하게 많은 종류를 함유하고 있다. 인삼 사포닌의 효능에 관한 연구 결과는 매우 많으며, 사포닌의 종류에 따라 각각의 약리 작용이 밝혀지고 있다. 최근에는 폴리페놀계 화합물, 폴리아세틸렌, 알칼로이드, 당단백질, 산성 펩티드, 산성 다당체 등 각 성분의 효능에 관한 연구 결과가 나와 오랜 옛날부터 신비의 영약으로 알려진 고려 인삼의 성가를 과학적으로 입증해 주고 있다.

중국 최고의 본초서인 《신농본초경》에 인삼은 간장, 비장, 위장의 양기를 돋우어 주고, 혈맥을 잘 통하게 하고, 오래 복용하면 몸이 가벼워지고 장수한다고 기록되어 있다. 현대의학적으로도 노화 방지, 간장 보호 작용, 당뇨병 예방, 항암 작용, 동맥경화, 고혈압 예방, 위장병, 숙취 제거, 빈혈 치료, 두뇌 활동의 원활화, 혈액 순환의 원활, 면역 기능 증강, 항스트레스, 항방사능 효과 등이 있다고 밝혀지고 있다.

사포닌(saponin)

인삼의 주성분인 사포닌은 체내의 생리활성물질인 스테로이드와 당류가 결합된 구조로서 다양한 식물에 포함되어 약의 효과를 나타낸다. 특히 인삼에 있는 사포닌을 진세노사이드(ginsenoside)라고 하며, 매우 다양한 변종구조의 사포닌이 풍부하여 정확히 어느 성분이 약효를 내는지 밝히기가 매우 어렵다.

여러 가지 건강 전통차들

우리나라의 전통차들 중에는 각종 성인병 예방과 치료에 효능이 있다고 알려진 것들이 많이 있다. 이런 차를 마련해 두고 커피나 청량음료 대신 손님 접대에 사용하거나 장복하면 좋다. 몇 가지 차들의 특색을 다음에 나열하였다.

인삼차는 노화 방지, 간장 보호 작용, 당뇨병 예방, 항암 작용, 동맥경화, 고혈압 예방 등에 효능이 있다. 곱게 썬 인삼, 대추 5개, 말린 밤 6~7개를 두꺼운 그릇에 넣고 물 5~6컵을 부어 은근한 불에서 푹 달인다. 달이던 물이 두 컵 분량쯤 되면 불에서 내려 찻잔에 담는다. 여기에 꿀이나 설탕을 약간 타고 실백(잣) 몇 개를 띄우면 향기로운 인삼차가 된다.

감잎차는 감기 예방과 치료, 당뇨병, 동맥경화, 고혈압, 심장병, 붓기 제거에 좋다. 4, 5월의 신선한 여린 감나무 잎을 깨끗이 물에 씻은 후 잘게 썰어 물이 끓는 찜통에서 1~2분간 찐 다음 말린다. 마실 때는 감잎 2~3g을 섭씨 80도 이상의 뜨거운 물 한 컵에 넣고 6~8분 정도 우려내어 마신다.

구기자차는 간장에 좋고, 고혈압, 중풍 예방, 당뇨병에 유효하다. 오래 먹으면 근골이 탄탄해지고, 몸이 가볍고, 늙지 않으며, 추위와 더위를 이긴다고 한다. 또 정기를 보충해 주고, 안색을 좋게 하며, 흰머리를 막고, 눈도 맑게 하며, 정신신경을 안정시켜 준다고 한다. 잎차는 3g 정도를 한 잔의 끓는 물에 우려내서 마신다. 말린 열매나 뿌리는 6~10g을 600mL의 물에 넣고 약한 불에 서서히 달여 하루에 2~3회 나누어 마신다. 구기자 가루와 꿀을 넣어 죽으로도 먹는다. 열매로 술 1.5L에 구기자 500g 정도 넣어서 술도 담그는데 폐결핵, 신장, 간장병에 좋고 토혈, 각혈에도 좋다.

오미자는 땀과 설사를 멎게 하는 약재로 쓰이고, 당뇨병에 좋고, 간, 폐를 튼튼히 하는 효과도 있다고 한다. 오미자차는 너무 오래 끓이면 떫은맛이 강해서 좋지 않다.

결명자차는 상습 변비에 특효가 있다. 변비는 고혈압, 중풍, 각종 마비환자에게 특히 위험하다. 특히 여성들의 변비는 두통, 두중통과 기미, 주근깨 등과도 관계가 깊다. 결명자의 약효는 만성위장병, 소화불량, 위확장, 위하수, 위염, 위궤양, 위암, 상습 변비, 만성맹장염, 구내염, 황달, 신장병, 신우염, 당뇨병, 각기, 늑막염, 복막염, 간장병, 안질환, 뇌질환 등 거의 모든 병에 효과를 보인다고 한다. 결명자를 볶아서 한 되 주전자에 반숟가

락 정도 넣어 커피 빛이 나도록 달여서 보리차 마시듯 하면 된다.

율무차는 피부를 깨끗하게 하고 암도 예방하는 효능이 있다고 한다. 율무쌀을 약한 불에 노릇노릇하게 볶아서 약간 부순 후 물에 달여 마신다.

두충차는 허약 체질, 기억력 감퇴, 심장병, 혈압 강하에 효과가 있다. 잎과 줄기의 속껍질을 깨끗이 씻어 10g을 600mL의 물에 넣고 끓여 약한 불에 천 천 히달인 후 차로 마신다.

귤껍질차는 감기, 진해, 거담, 발한, 동맥경화 예방, 각기병에 유효하다. 귤을 깨끗이 씻은 다음 껍질을 벗겨 깨끗한 종이 행주에 펴 놓고 그늘에서 잘 말린다. 5~10g의 마른 껍질을 600mL의 끓는 물에 넣어 살짝 달여 마신다. 말리지 않고 그대로 잘게 썰어 설탕에 재어 두었다가, 즙이 우러나면 귤껍질과 즙을 뜨거운 물에 한 숟가락 넣어 마셔도 좋다.

유자차는 유자 한 개를 깨끗이 씻어 껍질을 벗기고 2~4등분으로 썰어서 저민 다음, 설탕을 듬뿍 뿌려 재워둔다. 5~6컵의 물을 끓이다가 설탕에 재워둔 유자를 넣고 2~3분 더 끓인다. 끓인 물을 찻잔에 붓고 저민 유자 두세 쪽과 실백을 띄워내면 그윽한 향취가 일품이다.

모과차는 기침과 감기에 효과가 있다. 모과 반쪽의 껍질을 벗기고 속을 발라낸 다음 얇게 썬다. 주전자에 5~6컵의 물을 붓고, 대추 6~7개를 얇게 썬 모과와 함께 넣고 푹 끓인다. 끓인 물을 찻잔에 담고 꿀이나 설탕 등으로 식성에 맞게 단맛을 내어 실백 몇 개를 띄워낸다.

솔잎차는 위장병, 고혈압, 중풍, 신경통, 불면증, 빈혈, 천 식, 부인병, 피로 회복에 유효하다. 솔잎은 12월에 채취한 것이 가장 좋고, 한국 재래의 적송이 좋다. 양지 바른 쪽의 잎을 채취한 후 햇볕에 말려서 건조한 곳에 보관한다.

칡차는 감기를 예방하고, 간장을 보호하며, 당뇨병, 심장이나 뇌혈관 순환 장애에 좋다고 한다. 칡은 독이 있어서 쌀뜨물이나 맑은 물에 담가 검은 물이 더 이상 나오지 않을 때까지 하루 2~3회씩 물을 갈아주고 건져내어 햇볕에 펴놓은 채 잘 말린다.

생강차도 감기 예방에 좋다. 생강 100g을 껍질을 벗겨 깨끗이 씻은 후 얇게 저며, 적당량의 물을 붓고 푹 달인다. 생강을 건져내고, 끓인 물을 깨끗이 받아 설탕이나 꿀을 탄다. 여기에 채 친 대추와 속껍질을 까서 얇게 저민 호두, 그리고 실백 몇 개를 띄워내면 좋다.

계피차는 두통과 신경 안정에 좋고, 위장에 가스가 차는 것을 예방한다. 계피 20g을 물 160mL에 넣고 끓이다가 계피를 건져내고 더 끓인다. 생강과 함께 달여도 좋다.

도라지차는 진해, 거담, 천 식등에 특효가 있으며, 소화 촉진, 치통, 복통, 하혈에 효과가 있다고 한다. 도라지 8g을 물 600mL에 넣고 달인다. 귤껍질이나 감초와 함께 끓여 마시면 맛이 더 좋아진다.

영지버섯차는 간장, 고혈압, 당뇨, 비만, 신경쇠약, 불면증 등에 좋다. 영지를 깨끗이 손질해서 물을 넉넉히 붓고, 수시간 동안 약한 불로 달여 꿀이나 설탕으로 맛을 내어 수시로 마신다.

탄닌(tannin):
폴리페놀을 구성하는 기본 물질로서 붉은 포도주나 진한 차를 마실 때 떫은 맛을 느끼게 하는 성분으로, 식물에 넓게 함유되어 있다. 다양한 형태가 있으며, 그 중 대표적인 갈산(gallic acid, 몰식자산)의 구조는 다음과 같다.

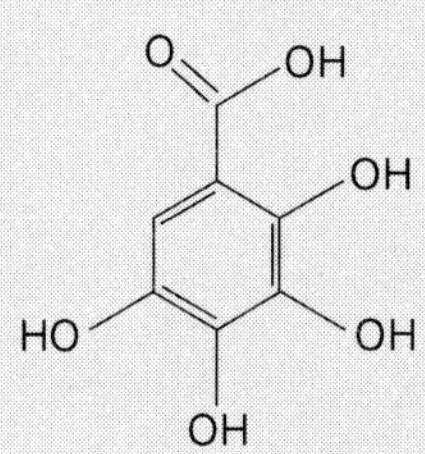

멜라민 파동이란?

중국산 분유에서 몸에 나쁜 멜라민이 검출되어서 문제가 되었다. 2008년 9월 22일 자료에 의하면 멜라민을 함유한 제품을 먹은 후 신장결석이나 신부전증이 생긴 환자가 중국에서만 53,000명이 발생하였고, 이 중 네 명의 아이는 사망하기도 하였다. 그런데 왜 넣었는지 왜 문제가 되었는지를 정확히 아는 사람은 드물다. 멜라민은 독성이 강한 시안아미드 세 개가 결합한 화합물로서, 옛날에는 질소 함량이 높아서(66%) 질소 비료로도 사용되었고, 식기나 타일로 사용되는 열경화성수지인 멜라민수지의 원료가 된다. 수지로 경화된 뒤에는 용출되는 양이 극히 적고, 멜라민 상태로 인체에 흡수되어도 24시간 내 90% 이상이 몸밖으로 배설되며, 일일섭취허용량이 0.63mg/Kg(체중)으로서 성인은 웬만큼 많은 용량을 장기복용하지 않고는 그 위해성이 거의 나타나지 않는다. 하지만 이번 중국 파동에서처럼 체중이 적은 유아가 고농도로 멜라민을 섭취하면 사망에까지 이를 수 있다.

중국 농부들이 왜 멜라민을 우유에 넣었을까? 젖소를 키우는 농부들이 우유를 짜서 납품할 때 우유의 양을 속이기 위해 물타기로 양을 부풀리는데, 이것을 가려내기 위하여 우유의 함량을 측정한다. 우유의 주성분인 단백질의 함량을 측정하는 일은 간단하지 않은 일로서 비교적 쉬운 방법으로 질소함량을 측정하는데, 농부들이 질소함량이 높은 멜라민을 넣어서 그

검사를 통과하는 것이다. 이 우유에서 만든 분유에는 멜라민이 농축되어 있고, 그걸 사용하여 만든 과자나 식품도 고농도의 멜라민을 함유하게 된다.

멜라민과 이름이 비슷한 멜라닌을 혼동하는 사람이 많다. 멜라닌은 우리 인체에도 많이 들어 있는 흑갈색 색소이다. 우리 머리카락이나 피부 색이 짙은 것은 바로 이 멜라닌 때문이다. 염색약도 이 성분을 함유하고 있다. 그리고 햇빛에 포함된 유해 자외선을 흡수하여 우리 피부 세포를 보호하는 역할을 한다. 햇빛이 강한 아프리카 지역의 주민들은 강한 자외선에 의한 피해를 입지 않도록 피부에서 멜라닌이 다량 생성되도록 진화하여 피부가 검어진 것이다.

멜라민(melamine)의 구조

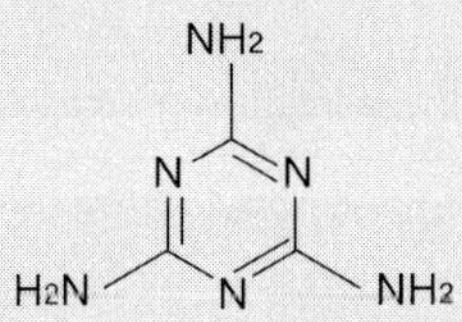

멜라닌(melanin)의 구조

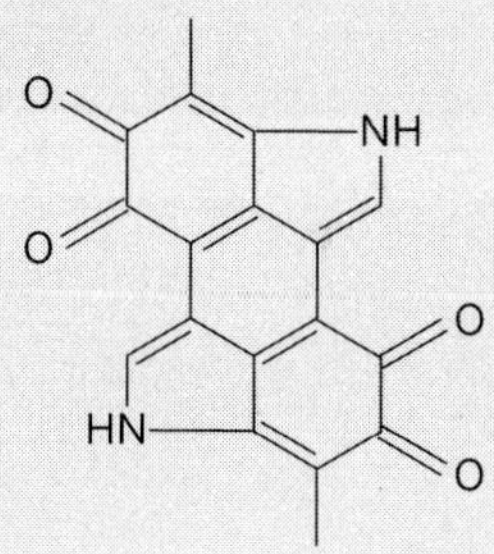

Part 3

세제 코너

세제 코너에는 세탁용 세제와 화장실에서 쓰는 비누, 샴푸들과 주방용 세제들이 놓여 있다. 이 세제들은 세정 작용을 하는 것들인데, 대부분 계면활성제가 그 주성분이다. 여러 가지가 있으나 조금씩 그 효능이 다르므로 적합한 것을 구입하여야 한다.

비누는 어떻게 때를 빼는가?

비누란 고급 지방산염을 통칭하는 것으로서 기원전 3000년경 고대 바빌로니아 시대에 산양의 기름과 재를 1 : 5로 섞어서 만들었다는 기록이 가장 오래된 것으로 여겨진다. 근대적인 비누 공업은 15세기 프랑스의 사보나(Savona)에서 발흥하여 프랑스어로 비누(savon)라는 낱말의 뿌리가 되었고, 남프랑스 지방에 비누 공업이 발전하여 오늘에 이르렀다고 한다. 일반적인 비누의 제법은 유지(지방산)를 알칼리로 중화 반응을 시켜서 염(비누)을 만든다.

비누를 비롯한 모든 세제는 계면활성제라는 성분이 들어 있어서 때를 빼 준다. 계면활성제는 물과 친한 부분인 친수성기와 기름(때는 거의 기름 성분이다)과 친한 부분인 친유성기로 되어 있어서 친유성기 부분이 때를

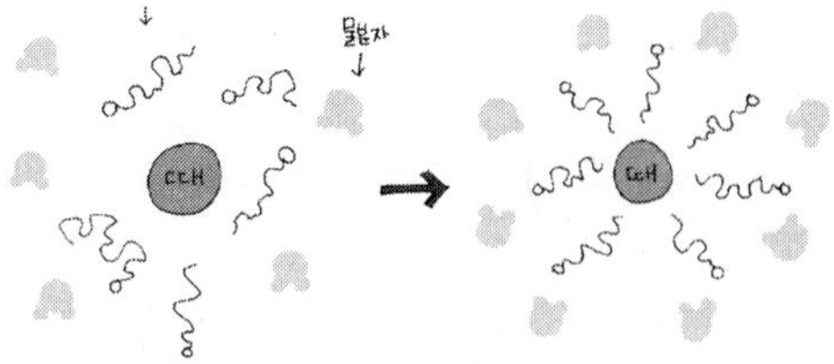

그림 3-1 미셀의 세척 작용.

둘러싸면 공과 같이 둥근 모양이 되는데, 그 공의 표면은 친수성기가 되므로 물에 섞여서 씻겨나간다. 이 공 같은 모양의 구조를 미셀이라고 한다.

비누화 반응:
지방산과 염기가 반응하여 염인 비누가 만들어지는 반응으로 중화 반응이다.

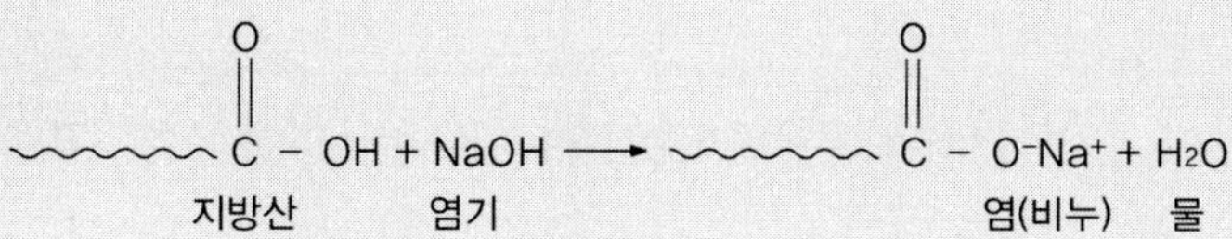

비누는 어떻게 만드는가?

비누는 일반적으로 유지(지방산)를 알칼리로 중화시켜 만든다. 유지의 종류에 따라, 알칼리의 종류에 따라 다른 비누가 만들어진다. 중화 반응에 사용하는 알칼리는 가성소다(NaOH)나 가성칼리(KOH)를 쓰는데, 가성소다로 만든 비누는 경질 비누라 하며, 일반적인 세탁 비누와 욕실 비누로 쓰이고, 가성칼리를 쓴 비누는 연질 비누라 하며, 고급 비누나 샴푸 등에 쓰인다. 사용되는 유지는 소기름(우지), 야자유, 팜유(야자핵유) 등이 있다. 소기름은 미리스틴산(myristic acid), 팔미틴산(palmitic

acid), 스테아린산(searic acid) 등이 주성분이고, 야자유는 라우린산(lauric acid), 미리스틴산 등이 주성분이고, 팜유는 팔미틴산 등으로 되어 있다.

요즈음 폐식용유를 사용하여 재활용 천 연비누를 만든다는 사람이 많다. 천연이라는말만 붙으면 다 좋고, 합성이라는 말만 들으면 독을 보듯 하는 사람이 많은데, 그렇게 일률적으로 생각하는 것은 문제가 있다. 집에서 폐식용유로 비누를 만들 때 화공 약품 상사에서 가성소다를 사다 만드는데, 엄밀히 말하면 이렇게 만들면서 천 연비누라고 할 수는 없다. 이때 사용하는 가성소다는 독성이 아주 강한 독극물로 분류되는 화공 약품이다. 옛날에 양잿물을 마시고 자살했다는 이야기를 들었을 것인데, 이 양잿물이라는 것이 바로 가성소다이다. 가성소다는 허가가 있는 사람만이 취급하게 되어 있을 정도로 위험한 물질이다.

비누를 만드는 반응:
기름과 재로 만든다고 하는데, 기름은 지방산으로 카르복실산(-COOH)기를 가지고 있으며, 재는 가성소다(NaOH)이다. 둘이 반응하여 비누와 물이 생긴다.

R-COOH + NaOH —> R-COO-Na+ + H_2O

거품이 많은 세제가 때를 잘 빼는가?

세탁할 때나 세수를 할 때 거품이 잘 일면 세척력이 좋은 것으로 느끼는 것이 보통이지만, 사실 거품은 세척력과는 직접적인 관련은 없다. 거품은 섬유에서 떨어져 나온 때가 다시 섬유에 붙지 않고 물 위에 떠서 잘 씻겨 내려가게 하는 역할을 한다. 그러나 세탁기나 식기 세척기에서는 거품이 일면 기계 밖으로 넘치게 되어 불편할 뿐만 아니라 감전 사고의 원인이 되기도 한다. 보통 세수 비누나 손 빨래 비누는 거품이 많이 일도록 하지만, 기계용 세제는 거품이 일지 않게 하는 소포제를 사용한다. 거품은 또한 환경에 심각한 악영향을 준다. 만일 세탁기에 세제를 너무 많이 넣어서 거품이 넘치면 일반 비누를 조금 잘라서 넣거나 소금을 뿌리면 거품이 없어진다.

소포제:
거품은 액체에 의해 둘러싸인 기체 입자를 말하는데, 강제로 액체에 기체를 투입하거나 격렬한 교반으로 인해 생기며, 보통은 곧 없어지지만, 계면활성제에 의해 기체와 액체 사이의 막을 안정화시켜 거품이 꺼지지 않게 해 준다.

소포제는 이러한 거품을 없애거나(defoaming), 생기지 않게(antifoaming) 하는 것이다. 원리는 같다. 아주 작은 크기의 소수성 입자를 계면활성제를 사용하여 분산시킨 것으로서 거품에 달라 붙어 거품막을 파괴한다. 이러한 소포제로는 소수성이 큰 폴리옥시에틸렌-폴리옥시프로필렌 공중합체나 다가알콜지방산에스테르, 실리콘계 계면활성제 등을 사용한다.

세제를 많이 쓰면 세탁이 더 잘 될까?

세제마다 표준사용량이 표기되어 있다. 이것은 옷이나 식기에 일반적으로 붙는 때의 양과 이를 제거하는 데 필요한 세제의 양을 미리 계산해 놓은 것이다. 때를 둘러싸는 데 필요한 세제의 양이므로 더 이상의 세제를 사용한다고 해서 세탁이 더 잘되는 것은 아니다. 오히려 세탁력을 떨어트리고, 헹구는 데 물이 더 필요하여 수질오염만 가중시킬 뿐이다.

그럼, 적절한 세제의 양을 알아야 한다는 이야기인데, 그 양을 어떻게 알 수 있을까? 세제에는 표준 사용량이 표시되어 있다. 이것은 세탁물의 양에 따라 표시되어 있고, 더러운 정도도 중간으로 기준한 값이다. 또한 드럼 세탁기와 일반 세탁기에 따라 다르게 표기되어 있다.

세제(비누)의 종류

세제나 비누의 주성분인 계면활성제는 수용액의 표면 장력을 낮추고, 기름(때)을 유화하는 작용을 한다. 보통 계면활성제는 성냥개비와 같이 그리는데, 머리 부분이 친수성기를 나타내고, 긴 가지 부분은 친유성기를 나타낸다. 계면활성제를 만드는 방법은 친수성기와 친유성기를 결합시키거나 친유성기 사슬 끝에 친수성 생성 반응을 시키는 방법으로 제조한다.

계면활성제는 친수성기의 종류에 따라 음이온계, 양이온계, 비이온계로 나누어지며, 음이온계를 가장 많이 쓴다. 양이온계는 세척력이 약하므로 세제로 쓰이지는 않지만, 물 속에서 음으로 하전된 섬유에 잘 흡착되는 성질을 이용하여 섬유유연제, 대전방지제, 발수제 등으로 이용한다. 음전하를 가진 세균을 흡착해내므로 살균 소독의 목적으로 사용하기도 한다. 비이온계는 자극성이 없으므로 유아용 비누나 고급 비누, 샴푸로 사용되고, 식품이나 의약품에 첨가하기도 한다.

계면활성제의 구조:

사슬 모양의 탄화 수소 사슬이 친유성기이며, 다른 한 쪽은 이온 구조의 친수성기다. 계면활성제의 친수성과 친유성의 상대적인 능력의 차이가 여러 물성의 차이를 가져오며, 그에 따라 용도도 달라진다. 친수성대 친유성의 비율을 HLB(Hydrophile-Lipophile Balance)라고 하며, 친유성이 가장 큰 것을 1로 하면 친수성이 가장 큰 것이 40에 이르게 되는데, 보통 비누나 세제로는 10-15 정도의 중간을 많이 쓴다.

표 3-1 계면활성제의 HLB와 그 용도

HLB	용도	수용성
1~3	소포제 분산 잘 안 됨	
3~4	드라이클리닝용 세제	미량 분산
4~8	유화제(기름 속에 물의 분산)	불안정 우유상
8~13	유화제(물 속에 기름의 분산)	안정된 우유상
13~15	세탁용 세제반투명 분산	
15~18	가용화제(물 속에 기름의 분산)	투명 용해

합성세제는 다 퇴출 대상인가?

비누는 유지에 알칼리를 반응시켜 만든다. 그런데 식물성이나 동물성 기름인 천 연유지에서 만든 비누는 심각한 단점이 있다. 원료가 천연이어서 값과 공급량이 안정되지 못한 것이다. 제1차 세계대전 때는 비누가 부족하여 세척과 소독을 잘 못하므로, 염증이 악화되고 전염병이 돌아 그 문제가 매우 심각할 정도가 되었다. 그래서 독일은 석탄으로부터 알킬벤젠 설폰산염을 만들기 시작했다. 이것이 오랫동안 써 왔던 합성세제인 ABS이다. 이 비누의 거품은 심각한 환경 오염 문제를 일으킨다. 즉, 미생물에 분해되지 않는 이 세제의 거품이 강으로 흘러가서 표면을 덮어버리

기 때문에 햇빛과 산소가 강물 속으로 침투하는 것을 막아서 강의 생물을 죽게 하고, 강을 썩게 한다. 두 번째 문제는 거품이 많기 때문에 세탁기에 사용이 불편하다는 점이다. 이후 이런 문제점들을 해결하기 위해 개발된 LAS(linear alkylbenzene sulfonate)도 미생물에 비분해성이어서 환경 오염 문제는 여전했다.

그 후에 어느 정도 미생물에 의하여 분해가 되는 연성세제가 개발되었다. 현재에는 천 연지방 알콜의 황산 에스테르염, 또는 최근에 많이 쓰게 된 알파 올레핀 설폰산 소듐 같은 음이온계와 중성세제인 폴리에틸렌옥시드류의 비이온계들이 사용된다. 이들 성분들을 혼합하여 기능성을 개선한 제품도 나왔다.

세제에는 기본 성분인 계면활성제 이외에 여러 가지 첨가제가 들어 있다. 분말 제품으로 하기 위해 황산소듐을 사용한다. 탄산소듐과 제올라이

CMC(carboxyl methyl cellulose)
물에 잘 녹고 점도증강제로 쓰인다.

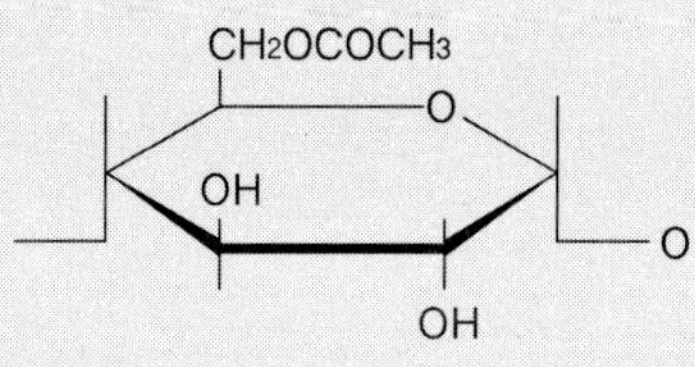

PVA[poly(vinyl alcohol)]
수용성 고분자로서 점도증강제로 쓰거나,
부분 가교시켜 풀이나 츄잉검의 원료로 쓴다.

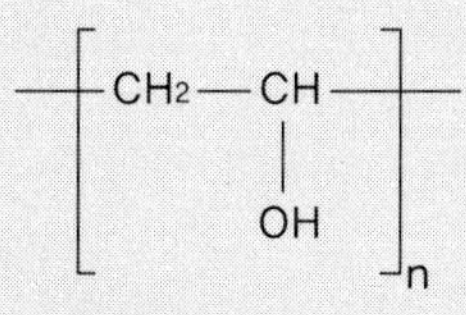

PVP[poly(vinyl pyrrolidone)]
수용성 고분자로서 점도증강제 등으로 사용된다.

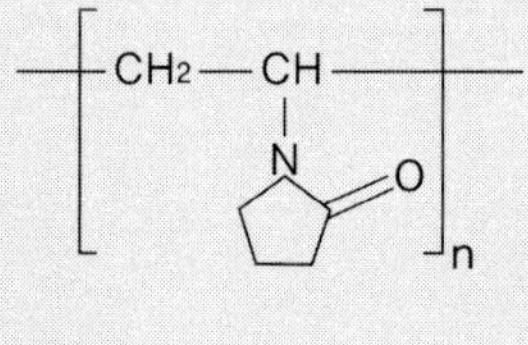

트도 경수연화와 입자화를 돕기 위해 첨가한다. 친수성 고분자인 CMC(carboxyl methyl cellulose), PVA[poly(vingl alcohol)], PVP[poly (vinyl pyrrolidone)] 등을 넣으면 섬유에서 떨어진 때가 다시 섬유에 붙는 것을 방지한다. 0.1% 이하의 형광제를 넣어서 세탁물이 희게 보이도록 하기도 하며, 과탄산소듐이나 과붕산소듐 등의 표백제를 넣기도 한다. 분해시키기 어려운 단백질이나 지방의 때를 분해시키기 위해 분해효소를 넣기도 한다.

세제에 의한 환경 오염을 줄이기 위해 많은 발전이 있었다. 우선 계면활성제를 생분해성이 있는 것으로 사용하고, 경수연화제로 사용되던 인산염을 제올라이트로 대치하였으며, 천연에서 얻어지는 효소(단백질 분해효소, 지질 분해효소)의 함량을 높이고, 농축화하여 용기를 줄이고, 물과 에너지 사용량을 줄이는 노력을 하고 있다.

표백제는 곧 소독제

표백제는 섬유를 보다 희게 하고 색도 더 선명하게 하기 위해 쓰이며, 살균력도 갖고 있다. 표백제는 크게 두 가지 종류가 있는데, 차아염소산 소듐 등의 염소계와 과산화수소나 과탄산소듐 등의 산소계가 있다. 염소계는 표백력은 강하나 냄새와 산화력이 너무 강하다. 표백제는 세제에 포함되어 있기도 하지만, 락스(염소계)나 옥시크린(산소계)처럼 따로 시판되기도 한다. 표백제 성분인 차아염소산 소듐이 수용액 중에서 차아염소산을 생성하고, 이것이 분해되면서 활성 산소를 발생하여 표백 및 살균 작용을 한다. 이 표백제는 반응성이 강하여 은 제품에 사용하면 안

염소계 표백제

가성소다에 염소 가스를 반응시켜 만든 차아염소산 소듐(NaClO)이다.

$$2NaOH + Cl_2 \dashrightarrow 2NaClO + H_2O$$

이 제품에 물을 넣으면 차아염소산이 발생하고, 이것이 분해하면 활성 산소를 발생시켜 살균 작용을 한다.

$$NaClO + H_2O \rightarrow HClO + NaOH$$

$$HClO \rightarrow H^+ + Cl^- + O\text{(활성 산소)}$$

산소계 표백제

과산화수소(H_2O_2)는 불안정한 화합물이므로 탄산소듐과 착물을 형성하고 안정화시켜서 시판한다. 이 착물이 물속에서 분해하여 다시 과산화수소를 발생시킨다.

$$2Na_2CO_3 + 3H_2O_2 \rightarrow 2Na_2CO_3 \cdot 1.5H_2O_2$$

과산화수소는 알칼리 수용액에서 활성 산소를 발생시켜 표백과 살균 작용을 한다.

$$H_2O_2 \rightarrow H^+ + OH^- + O\text{(활성 산소)}$$

된다. 은과 반응하여 검은색의 화합물을 생성하기 때문이다. 시판되는 락스는 이 차아염소산 소듐의 5~6% 희석액이다. 치아 미백제에도 과산화 수소가 포함되어 있다.

섬유유연제도 화학제품이므로 쓰지 않는 것이 좋다?

그렇지 않다. 오히려 옷감에 더욱 좋다. 의류를 여러 번 세탁하면 섬유가 손상되어 잔털(보푸라기, fibril)이 생기게 되는데, 여기에 세탁 중 생기는 염이나 세제 찌꺼기 등이 달라붙고 엉켜서 더욱 거칠어진다. 이를 제거하기 위해 세제에 첨가하거나 따로 시판하는 섬유유연제를 사용한다. 섬유유연제는 긴 사슬 구조로 되어 있어 그 사슬 자체가 유연성이 좋으므로 섬유가 더 유연하게 되며, 대전방지의 역할과 방향제를 함께 쓸 경우 방향제 성분을 오래 섬유에 붙잡아 놓는 역할도 한다.

섬유유연제의 기본적인 구조는 긴 알킬 사슬 두 개를 갖는 양이온 아민으로, 대표적인 물질이 DSDMAC(distearyl dimethyl ammonium chloride)나 DAE(dialkyl ester)으로서 소수성과 전기적 양성에 의해 섬유에

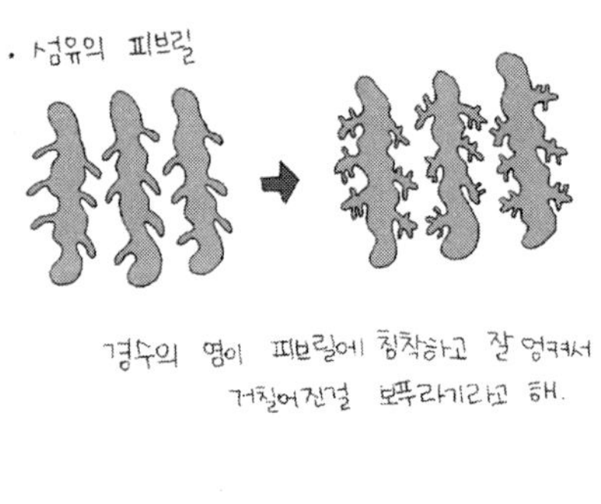

그림 3-2 보푸라기의 생성.

DSDMAC와 DAE의 구조

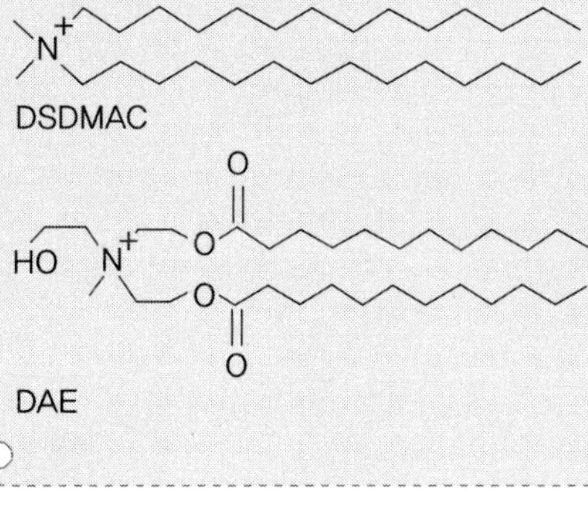

부착하여 잔털의 뻗침을 막고 부드럽게 해 준다.

그러나 이제까지 많이 쓰이던 DSDMAC는 자연 분해가 되지 않고 독성이 있어 환경 문제가 대두되면서 점차 사용하지 않고 있으며, 지금은 중성 물 속에서 에스테르기가 쉽게 깨져 자연 분해가 잘될 뿐만 아니라 독성도 적은 4가 염기 디알킬에스테르(dialkylester)를 많이 사용한다.

드라이클리닝은 옷감에 해로운가?

섬유의 올 사이에 깊숙이 낀 때나 오래된 묵은 때는 일반 비누에 의해 잘 유화되지 않아서 세탁이 불충분하게 된다. 그래서 때의 기름 성분을 잘 용해하는 사염화 에틸렌 같은 유기 용매에 때를 용해해서 세척하게 된다. 또 양모나 비단은 드라이클리닝하는 것이 안전하다. 드라이클리닝을 하고 난 직후 옷을 받아보면 솔벤트 냄새가 나는 것을 알 수 있다. 때가 오래 묵지 않도록 하는 것이 좋으며, 드라이클리닝을 하면 옷감에 첨가되어 있는 여러 가지 섬유 첨가제 성분들이 용해되므로 자주하는 것은 좋지 않다.

다림질풀은 옷감의 무스

섬유는 세탁 후 건조하면 불균일하게 뭉치고 굴곡이 생기므로, 편편하고 깨끗한 외관을 주고 좋은 형태를 오래 유지하기 위하여 풀을 먹여 다리미질을 한다. 물만으로 다림질을 하면 주름이 잘 펴지지 않으며, 편편하게 되었다 하더라도 그 상태를 오래 유지하지 못한다.

풀은 사용 형태에 따라 유액풀과 에어졸, 스프레이형이 있다. 유액풀은 세탁기나 손빨래에서 헹굴 때 넣어서 풀을 먹이는 제제로서 보통 PVA(poly vinyl alcohol) 에멀젼으로 되어 있다. 에어졸형은 녹말(starch)이나 덱스트린(dextrin)을 사용하며, 분무제로 LPG 등의 고압 가스를 충전하여 뿌린다. 스프레이형은 PVA, 덱스트린, 폴리아크릴(polyacrylate), 황산화 폴리스티렌(polystyrene sulfonate) 등 여러 가지를 사용할 수 있고, 단순히 펌프식으로 분무하고 인화성 고압 가스를 사용하지 않아 위험이 없으며, 편리하다.

여기에 윤활제를 첨가하면 다림질할 때의 마찰력을 감소시켜 다리미와 섬유 간의 결착을 방지하고 다리미가 잘 미끄러지게 해 준다. 첨가하는 윤활제로는 대부분 실리콘 고분자를 사용하는데, 수용성 실리콘이나 실리콘 에멀젼 등의 형태가 있다. 실리콘 에멀젼은 실리콘 오일을 계면활성제를 사용하여 유화시킨 것으로서 장기간 저장 시에 상분리가 되며, 유백색인 단점이 있어서 요즈음은 균일하고 투명한 수용성 제제를 많이 사용한다. 수용성 실리콘은 실리콘 고분자에 친수성의 폴리에틸렌 옥시드(polyethylene oxide)나 폴리프로필렌 옥시드(polypropylene oxide)를 공중합시켜 물에 대한 용해도를 높인 것이다. 시판품은 여기에 방향제나 점도저하제, 부식방지제도 들어간다. 양모나 실크 같은 소수성 섬유에는 사용하면 안 된다. 그 작용 과정은 다음과 같다.

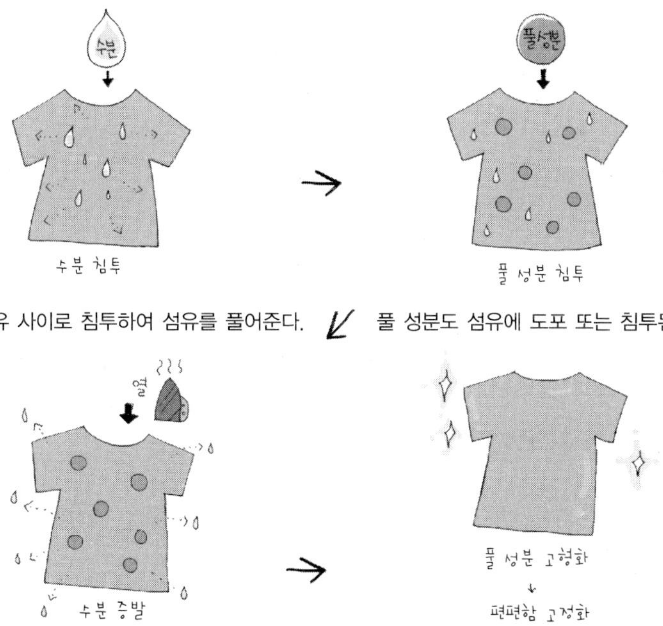

수분이 섬유 사이로 침투하여 섬유를 풀어준다. 풀 성분도 섬유에 도포 또는 침투된다.

다림질을 하여 열을 주고 수분을 증발시킨다. 풀 성분이 고형화되며 편편함을 고정화시킨다.

그림 3-3 다림질 풀의 역할.

다림질 풀로 사용하는 실리콘 고분자들

폴리다이메틸 실록산(polydimethyl siloxane)

$$\begin{array}{c} CH_3 \\ | \\ (CH_3)_3SiO-[-Si-O-]n-Si(CH_3)_3 \\ | \\ CH_3 \end{array}$$

폴리실록산 폴리에테르 공중합체(polysiloxane polyether copolymer)

$$\begin{array}{ccccc} & CH_3 & & CH_3 & \\ & | & & | & \\ (CH_3)_3SiO-[- & Si & -O-]n-[- & Si & -O-]m-Si(CH_3)_3 \\ & | & & | & \\ & CH_3 & & R & \end{array}$$

$$R=-(CH_2CH_2O)x-(CH-CH_2O)y-H$$

주방용 세제

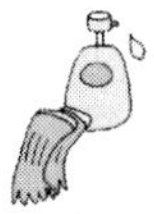

현대의 주방용 세제는 강한 세척력, 풍부한 거품, 피부에의 온화성, 자연분해성이 중요한 요건이 된다. 이들 모두 어떤 계면활성제를 쓰느냐에 달려 있는데, 크게 네 가지 종류로 나눌 수 있다. 첫째, LAS(linear alkylbenzene sulfonate)나 AS(alkyl sulfonate)의 고전적 음이온계 계면활성제를 근간으로 하는 범용, 둘째, AE(alkyl ether)와 같은 비이온성 마일드 타이프, 셋째, 위의 계면활성제를 근간으로 하나 적게 사용할 수 있는 농축형, 넷째, APG(alkyl polyglicoside)나 양성이온계인 베타인형 ASB(alkylhydroxy sulfobetain)나 APB(aminopropyl betain) 등 환경 친화성이 좋고 순한 계면활성제를 응용한 슈퍼 마일드 타이프 등이 있다. 가성에서 사용하기에는 피부에 순한 마일드 타입이 더 바람직하다.

LAS(linear alkylbenzene sulfonate)의 구조

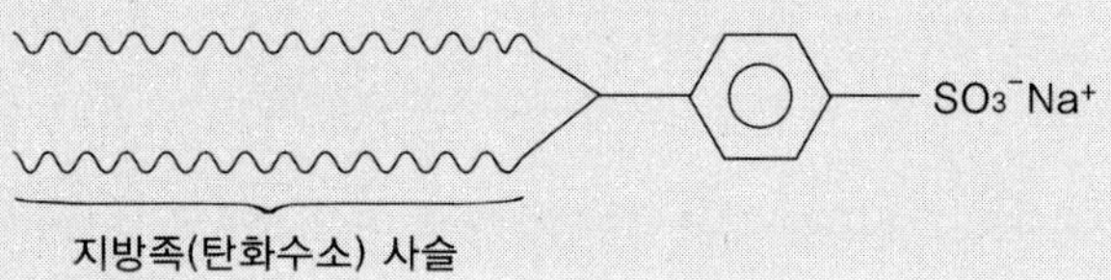

식기세척기용 세제

요즈음은 우리나라도 자동 식기세척기를 쓰는 가정이 많아졌고 영업장이나 호텔에서는 오래전부터 사용하고 있다. 식기세척기용 세제는 거품이 나지 않으면서 세척력이 강해야 한다. 식기세척기용 세제에는 계면활성제 외에 많은 첨가제가 포함되어 있다. 포스페이트는 칼슘이나 마그네슘 같은 경수 성분을 포착하여 분산이 잘 되게 하고, 때가 다시 부착되지 않게 한다. 또한 단백질의 때와 음식물에 의한 얼룩을 제거하기 위해 표백제도 함유되며, 기계의 부속들이 녹슬지 않도록 부식방지제와 거품을 없애주는 소포제, 기름 성분의 음식물 때를 잘 씻어내기 위해 알칼리성 탄산소듐이나 히드록시드(트리소듐) 포스페이트, 점도증강제, 향 등이 첨가된다.

세제를 사용할 때는 세탁기용, 손세탁용, 주방용, 식기세척기용 등의 각각의 용도에 맞게 사용해야 한다. 필자는 자동차 워셔액이 떨어져서 임시로 식기세척기용 세제를 넣었다가 자동차 유리에 지워지지 않는 얼룩이 생겨서 결국 눈물을 머금고 차유리를 갈았던 슬픈 경험이 있다. 반드시 원래의 용도에 맞는 제품을 사용해야 한다는 것을 체험한 것이다.

빨리 닳는 투명 비누

우리가 살 수 있는 비누는 상당히 다양하다. 보통 욕실 비누(toilet soap)는 경질 비누로서 쉽게 물을 흡수하여 물러지지 않아야 하고, 거품이 적당히 있어야 하며, 건조 시에 변형과 갈라짐이 없어야 하고, 자극성이 없어야 한다. 고급 화장 비누 중에 투명한 비누가 있어서 우리를 유혹한다. 이것은 올리브유와 피마자유나 글리세린, 당류, 에탄올 등을 첨가하여 투명성을 높인 것인데, 이런 투명화제가 들어가기 때문에 비누 성분은 자연히 적어진다. 그래서 투명 비누는 일반 비누보다 훨씬 빨리 닳는다. 그러나 포함된 당류나 글리세린이 보습제와 피부 보호의 역할을 하며, 투명하고 미려한 외관을 갖게 되어 고급 비누로서 인기가 있다.

피부 보호 비누라는 것은 프로테인과 우유 성분이 포함된 것이며, 유아 비누는 비이온성 계면활성제와 지방의 함량을 높이고, 향유 성분을 줄이며, 카모밀라(camomile) 추출물 등을 포함시킨 것이다. 여드름 비누는 일반 비누에 헥사클로로펜(hexachlorophene)이나 트리메칠티우람설파이드[trimethyltiuramsulfide(TMTD)] 등의 살균제 성분을 소량 첨가한 것이다. 서구에서는 오래전부터 많이 써 왔고, 우리나라도 공중 화장실 등에 액체 비누가 많이 쓰이는데, 불포화지방산의 비율이 높은 코코넛유와 올레인산의 포타슘염이 15~20% 포함되는 연질 투명 비누의 20~30% 수용액으로 만든다. 사용이 편리하고 낭비 없이 마지막까지 사용할 수 있어서 점차 사용이 증가하고 있다.

헥사클로로펜(hexachlorophene)

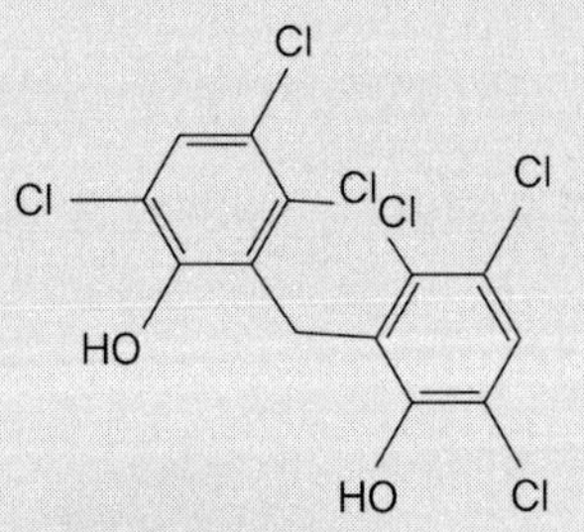

어깨에 눈이 내려요

비듬이 생기면 영어로는 "당신 어깨에 눈이 내려요"라고 한다. 비듬은 미생물에 의해 발생하여 피부 각질화가 생기는 피부병의 한 형태이다. 보기에도 좋지 않을 뿐 아니라 병을 옮기는 진드기 등은 이 비듬 같은 피부 각질의 부스러기를 먹고 살기 때문에 위생상 아주 좋지 않다. 비듬 샴푸는 고전적으로는 살리실산(salicylic acid), 황, 황화 셀레늄(selenium sulfide), 콜타르, 아연 피리치온(zinc pyrithione) 등을 포함하여 비

듬을 일으키는 곰팡이류의 미생물을 살균하고 피부 각질(flake)을 녹여서 비듬을 없게 해 준다. 또 살리실산이나 황 계통의 약제는 독성이 있고 머리카락의 기름을 없애서 윤기를 없애 주므로 요즈음은 많이 사용하지 않는다. 현대에는 좀 더 다양한 약제가 개발되었다. 우리나라의 덴트롤 샴푸는 살리실산과 아연 피리치온이 주성분이지만 독성이 적도록 개량되었다. 니조랄(nizoral)은 상품명으로도 쓰이나 케토코나졸(ketoconazole)이라는 화합물의 별명이다. 또 다른 것들은 헥사클로로펜 등의 약 성분을 포함한다. 일반 샴푸에는 비누와 마찬가지로 머리카락 사이의 때를 제거하기 위해 계면활성제가 들어 있다. 그밖에 점도증강제인 CMC(carboxymethyl cellulose)나 PVA, PVP, 머리카락에 유연성을 주는 첨가제 등을 포함한다.

샴푸로 머리를 감은 후 머리결을 부드럽고 매끄럽게 하며, 정전기를 줄이고 비누의 염 찌꺼기를 제거하기 위해 린스를 사용한다. 린스에는 양이온 계면활성제가 포함되어 있어서 머리카락의 단백질에 흡착하여 부드러운 표면으로 만들어 주고, 또 살균성과 대전방지제의 역할도 한다.

샴푸 대신 비누로 머리를 감으면 머리카락이 뻣뻣하고 부스스해지는 것을 경험한 적이 있을 것이다. 왜 그럴까? 비누는 때와 함께 머리카락의 모든 지방을 거의 완전히 제거하기 때문인데, 머릿결을 부드럽고 매끄럽게 유지하기 위해서는 윤활제로서 약간의 지방이 필요하다. 여기에 린스까지 사용하면 머릿결을 더 매끄럽게 하고 윤기를 주며, 모발과 두피를 보호하는 작용까지 기대할 수 있다.

살리실산(salicylic acid)

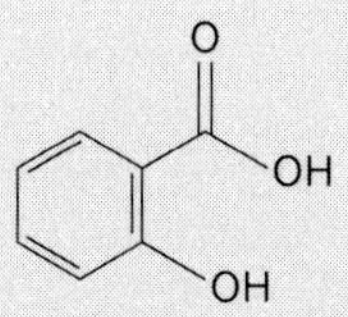

케토코나졸[ketoconazole(nizoral)]

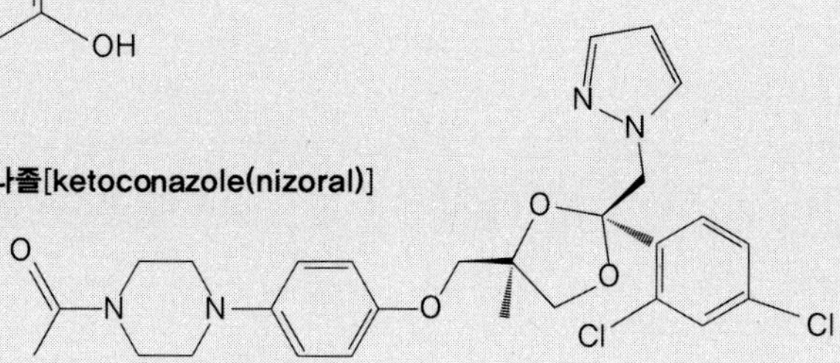

아연 피리치온(zinc pyrithione)

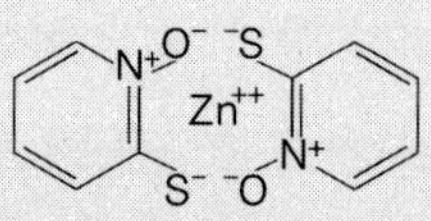

치약을 많이 쓰면 이가 닳는다?

치약은 이 사이에 낀 음식물과 불순물을 제거하여 이의 부식을 막는 세정 작용과 세균에 의한 부패를 막는 멸균 효과, 이의 표면에 축적되는 침전물의 제거와 유색의 침전물의 제거를 위한 연마 작용, 음식 냄새와 균에 의한 냄새를 제거하는 탈취 기능과 방향 기능을 가진다. 연마제로 탄산칼슘, 인산칼슘 등의 연마제를 사용하며, 충치를 예방하는 불소와 살균 성분으로 클로로헥시딘 등을 포함하며, 멘톨이나 페퍼민트, 스피어민트 등의 향미제를 함유시킨다. 치약에는 이와 같이 연마제가 들어 있어서 이에 붙어 있는 스케일을 갈아내는 역할을 한다. 그러나 치약에 들어 있는 연마제로는 그렇게 큰 연마 효과가 없으므로 이가 닳는 걱정은 안 해도 된다.

치약도 여러 가지가 있다. 보통 치약은 연마제로 탄산칼슘(calcium carbonate) 40~50%, 솔비톨(6가 알콜) 15~20%가 주성분으로 들어가며, 점도증강제로 CMC(carboxy methyl cellulose)가 1~2%, 글리세린이나 프로필렌 글리콜이 3% 정도가 포함된다. 요즈음의 투명하고 색이 예쁜 치약은 연마제로 투명성이 좋은 실리카(silica)를 20~25% 정도 넣고, 투명화제로 글리세린을 20% 가까이 포함하며, 솔비톨을 30~40% 정도 넣는다.

클로로헥시딘(chlorohexidin)

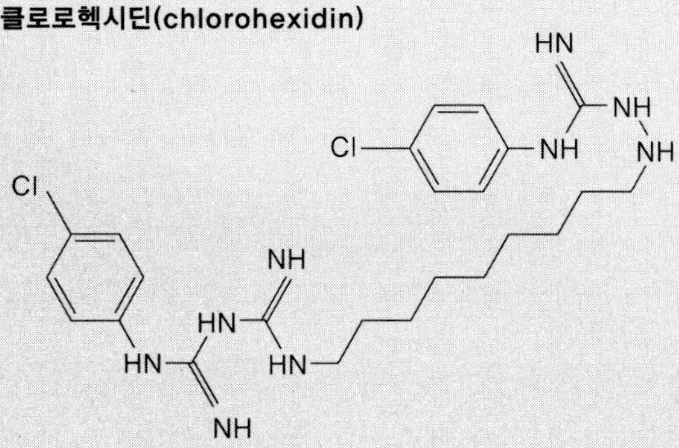

기저귀와 생리대

고분자는 역사 이래 여성들에게 아주 많은 기여를 해 왔다. 고탄력 스타킹과 스판텍스뿐 아니라 화장품과 생리대가 여성들의 사랑을 받아 왔다. 생리대에는 고흡수성 고분자를 사용하는데, 재료 무게의 1000배에 달하는 물을 흡수하는 것도 개발되어 있어서 점점 더 고성능화되고 깨끗해졌다. 1000배의 이런 고성능 흡수능력도 물이 아닌 피나 소변에 대하여는 30~40배 정도를 흡수한다. 이젠 요실금 환자나 노인을 위한 어른용 기저귀도 보편화되고 있다.

이러한 고흡수성 고분자는 기저귀나 생리대뿐만 아니라 다른 분야와 첨단 산업에도 응용되고 있다. 수분을 함유하는 성질을 이용하여 토양보습제나 꽃꽂이에도 사용한다. 비슷한 성분의 고흡유성 고분자도 개발되어 바다나 강에 유출된 기름을 제거하는 데 요긴하게 사용하기도 한다.

고흡수성 고분자는 친수성기인 수산기나 이온을 가지고 있는 가교(그물)형 구조를 하고 있고, 그물의 빈틈에 물분자를 흡수해 팽윤하여 안전한 하이드로겔(hydrogel)을 형성하기 때문에 물을 흡수하는 것이다.

Part 4

화장품 코너

화장품도 세제와 비슷한 성분이 많다. 현대의 화장품은 더욱 복잡해지고 첨단인 것처럼 선전한다. 내용물과 최종 소비자 가격 사이가 가장 큰 것이 화장품이라니까 잘 연구하고 사지 않으면 바가지를 쓰는 셈이 된다. 게다가 피부에까지 안 맞으면 정말 낭패다. 이것만은 알고 사자.

세수도 기초 화장

피부는 외부의 물질과 세균으로부터 오염을 방지하고, 자외선의 침투를 막으며, 체온을 조절하고, 건조에 의한 각질화 현상을 막도록 수분을 보존하는 역할을 한다. 피부는 건조, 온도, 자외선, 산화 등에 영향을 받으므로 기후나 나이, 개인차에 따라 각기 다른 상태의 부조화가 생기게 된다. 이를 시정하고 아름답고 건강하게 유지하기 위해 주로 얼굴에 사용하는 화장품을 기초 화장품이라고 한다.

사람에 따라 피부가 정상보다 약간 더 건성인 경우나 지성인 경우는 그에 맞는 화장품과 세안 조건을 고려해야 한다. 건성 피부인 경우 비누 세안보다는 에멀젼의 화장수나 크림을 사용하는 것이 좋다. 또 파우더보다는 되도록 크림이나 액상을 쓰는 것이 좋다. 반대로 지성 피부인 사람은 비누로 자주 세안하여 청결을 유지하는 것이 중요한데, 공기 중에 많은 먼지와 세균 등이 지방이 많은 피부에 잘 달라붙어서 오염될 위험이 더 크기 때문이다.

에멀전:
물과 기름은 섞이지 않는다. 그래서 두 층으로 분리된다. 그러나 잘 저어주면 일시적으로 뿌옇게 섞인다. 그래도 곧 다시 두 층으로 분리된다. 이때 유화제라는 것을 넣어주면 강제로 섞인 상태가 안정된다. 이것을 에멀전이라고 한다. 두 성분 중 어느 것이 더 많은가에 따라 다음 두 가지 형이 있다.

그림 4-1 에멀전의 종류

로션

로션(lotion)은 유분량에 비해 수분이 많은 에멀젼으로서 유동성이 좋아 피부 표면에 고루 퍼지고 잘 침투할 뿐만 아니라 기름과 같이 끈적거리는 느낌이 없다. 로션에 사용되는 계면활성제는 비이온계나 음이온계가 많이 쓰이지만, 요즘은 생체 활성 성분인 단백질계도 사용한다. 유성 성분으로는 왁스, 고급 지방산, 실리콘 등이 사용된다. 그 외에 수용성 고분자, 방부제, 자외선 흡수제, 산화방지제, 분산제, 향료 등이 첨가된다.

유분이 제일 많은 보디로션도 유분이 20% 이하이다. 나머지는 물과 글리세린이나 솔비톨 등이 차지한다. 밀크 로션은 유분이 5% 이내이며, 물이 90% 이상을 차지한다.

솔비톨(sorbitol):
포도당을 환원시켜 만들며, 풍부한 수산기(–OH)로 인하여 보습 효과가 커서 식품, 세제, 화장품, 의약품 등에 폭넓게 사용한다.

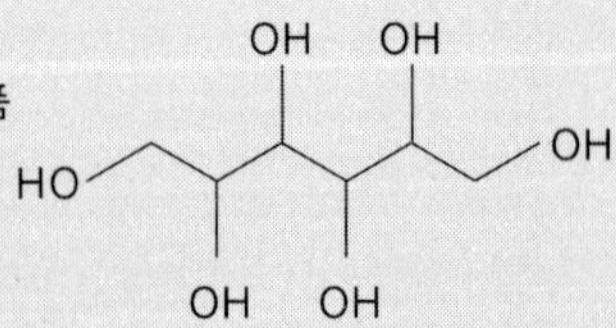

크림

크림(cream)은 로션과는 반대로 유분 중에 소량의 수용액이 있는 유화 형태로, 일반적으로 피부에 에멀젼의 막을 만들어 피부를 보호하고 유분과 수분을 보충하는 역할을 한다. 바니싱(vanishing) 크림은 스테아린산과 물의 에멀젼이며, 다가알코올(글리세린, 솔비톨, 폴리에틸렌 글리콜, 폴리프로필렌 글리콜)이 첨가되어 있다.

콜드(cold) 크림류는 마사지(massage) 크림에 속하는데, 스테아린산 10%, 액상 파라핀 6%, 솔비탄 모노스테아레이트 4.5%, 바세린 4%, 글리

솔비톨(sorbitol)과 솔비탄 모노스테아레이트(sorbitan monostearate)

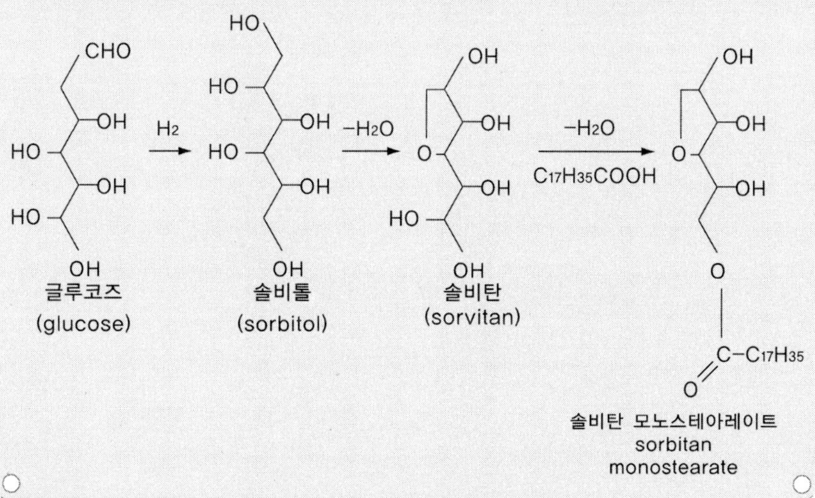

세린 1% 정도가 일반적인 조성이다. 액상 파라핀을 30% 이상 주성분으로 만든 것도 있다. 물이 70% 이상이므로 물에 기름이 끼어 있는 에멀젼 형태로 끈적거리지 않아서 많이 사용된다.

에몰리언트(emollient) 크림은 영양 크림, 나이트 크림, 모이스쳐 크림 등을 말하는데, 유분이 조금 더 포함되며, 바니싱 크림과 콜드 크림의 중간적 성격을 가지고 있다.

화장품으로 젊은 피부를 만들 수 있을까?

피부를 젊게 하기 위해 주름을 없애거나 감소시키는 방법이 여럿 있다. 깊은 주름을 없애기 위해 접힌 피부를 절개해 내는 수술도 하고, 주름진 피부를 태워버리고 새살이 돋게 하는 레이저 수술도 감행한다. 보톡스 주사도 많이 맞는데, 보톡스를 피부에 주입하면 근육 수축을 일으키는 아세틸콜린을 억제하여 일종의 근육 마비를 일으켜 주름이 지지 않게 한다. 당연히 근육 마비에 따른 부작용이 있다. 보톡스를 맞은 부위 근처의 다른 근육이 마비되어 눈꺼풀의 움직임을 둔화시켜 안구 건조를 일으키기도 하며, 코, 혀, 목근육을 마비시켜 호흡과 식사 장애를 일으키기도 한다. 연마제를 사용하여 노화된 피부를 제거하는 피부박피술도 많이 이용된다.

화장품으로 주름을 없앨 수는 있을까? 주름 제거 크림(wrinkle-free cream)이나 노화 방지 크림(anti-aging cream) 등이 선전되고 있다. 옛부터 젖 짜는 여인들의 피부가 특히 좋다거나, 이집트의 여왕 클레오파트라가 우유 목욕을 즐겨했다고 하는 이야기가 전해온다. 근거 없는 이야기가 아니다. 알파히드록시산(AHA)은 일종의 화학박피제로

서 노화된 피부를 제거해 준다. 그러나 강황산으로 피부 박층을 녹여 내는 것이기 때문에 농도에 주의하지 않으면 안 된다. AHA 중 글리콜산은 사과, 포도, 사탕수수 등에 포함되어 있는데, 물때를 제거하는 세제에도 사용된다. 우유에는 젖산이라는 AHA가 풍부하다. 이런 성분을 정제하고 농도를 잘 맞추어 제대로 된 화장품을 쓰는 것도 좋은 방법이다.

또 다른 피부 노화 방지 방법은 항산화제이다. 우리 피부는 자유 라디칼에 의해 산화되면서 노화되고, 거칠어지며, 색도 진해진다. 요즘 가장 주목받는 항산화제는 비타민 A(레티놀)이다. 레티놀을 리포좀에 담아 피부 침투 효과를 높인 제품도 고가에 팔리고 있다. 레티놀을 꾸준히 사용하면 피부색도 밝아지고 주름도 개선된다고 한다.

레티놀(retinol)의 구조

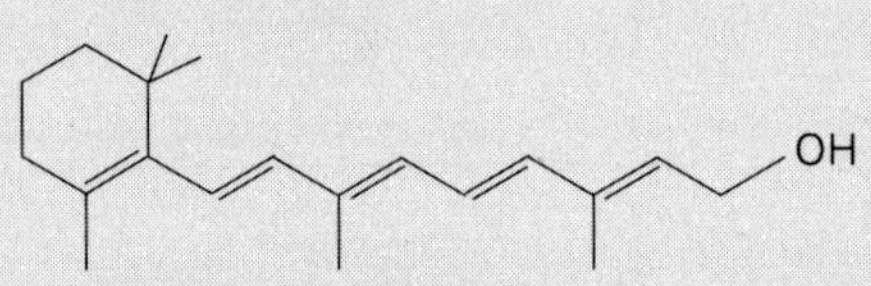

화장수

피부를 세척하고 수분을 보충해 주는 화장수는 정제수, 알콜, 보습제, 유연제, 가용화제, 완충용액, 방부제, 산화방지제, 향료 등을 포함하고 있다. 세정화장수는 계면활성제와 알콜 성분이 많이 들어 있어서 세정력을 높인 화장수이다.

유연화장수(skin conditioner)는 피부를 부드럽게 해 주기 위해 보

하이론(hyaluronic acid)

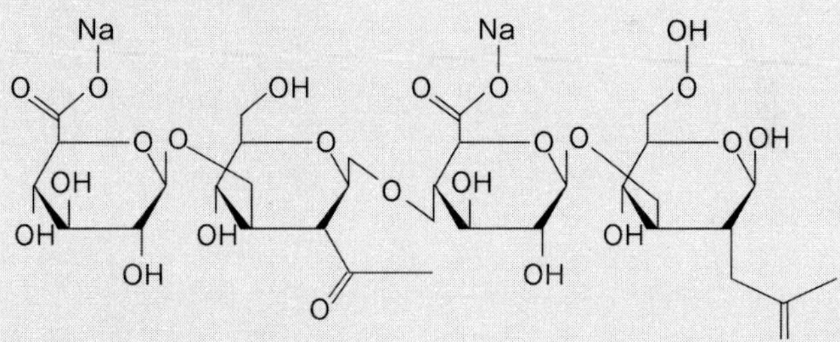

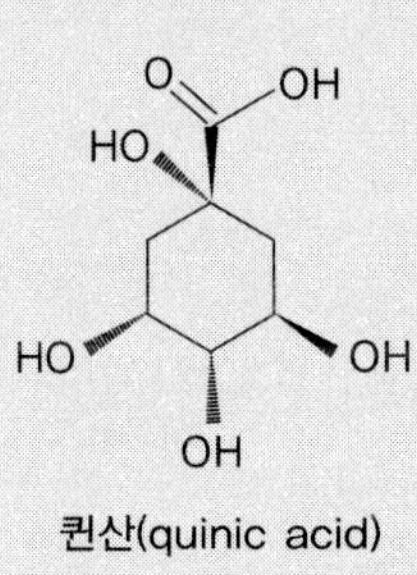

퀸산(quinic acid)

습제와 각질연화제가 포함되어 있다. 보습제로는 하이론 등의 수용성 고분자나 실리콘 고분자를 포함한다. 연화제로 약알칼리 제제를 첨가한다.

수렴화장수(astringent)는 염화알미늄, 유산아연, 클로로 히드록시 알루미늄, 퀸산 등을 포함하여 일시적으로 피부의 단백질을 수렴시키고, 모공이나 땀구멍을 긴장시켜 피지의 과도 분비를 막아주는 약산성의 화장수이다.

미용액(essence)은 화장수나 로션, 크림과 거의 비슷한 성분이지만 보습제나 유연제로서 수용성 고분자의 함량과 질을 높인 것이며, 이름대로 농축된 효과를 기대하는 소비자 심리에 편승하여 상품화된 화장수이다.

팩

팩(pack)은 세수나 화장수만으로는 완전히 제거되지 않는 피부 표면의 오염 물질, 모공, 땀구멍에 끼어 있는 유분과 세균, 또 노화된 각질 피부 등을 깨끗이 제거하기 위한 것으로, 피부에 긴장을 주어 혈액 순환도 좋게 해 주는 효과까지 있다. 사용 방법에 따라 사용 후 떼어내는 peel-off제와 씻어내는 wash-off제가 있고, 요즘은 간편하기 때문에 마스크형도 많이 쓴다. 피부에 영양을 주는 데는 마스크형이 효과적이며, 모공에 낀 오염물질을 제거하는 데는 peel-off제가 효과적이다. 주요 원료는 피막형성제로 수용성 또는 반수용성 고분자와 보습제를 기본으로 하고, 여기에 에탄올, 가용화제, 방부제, 기타 효능 성분과 향을 배합한다.

자외선 차단 화장품

파장이 100~400nm 범위의 광선을 자외선이라고 하며, 적외선과는 반대로 열이 거의 없고, 광화학 작용이 강하여 피부에 여러 가지 화학 작용을 일으킨다. 그중에서 에너지가 약한 자외선을 UVA, 좀 더 센 자외선, 즉 파장이 더 짧은 자외선을 UVB, 더 강한 것을 UVC라고 나눈다. 이 중 UVA는 여름이 아니거나 햇빛이 세지 않을 때도 피부에 닿기 때문에 UVA 차단제는 사계절 내내 바르는 것이 좋다. 우리 피부에는 색소 분자가 존재하는데, 흑인은 멜라닌 색소가 크고 많으며, 황인종은 베타 카로틴 색소가 백인보다 많다. 피부에는 이런 색소가 다소간 존재하는데, 자외선에 의하여 색소 분자가 침착된다. 또 피부 노화 현상이나 탈수 또는 피부염이나 반점 등을 생기게도 한다.

이러한 문제를 방지하기 위해 자외선 차단 화장품을 쓰는데, 그 작용원리는 크게 두 가지가 있다. 자외선을 산란시켜 피부에 닿지 않게 하는 반사제로서 이산화티타늄(TiO_2)이나 산화아연(ZnO), 또는 펄이나 실크 제제 등이 이에 속한다. 또 다른 것으로 자외선 흡수제가 있다. P-아미노 벤조산(P-amino-benzoic acid), 벤조페논(benzophenon) 등이 이에 속한다.

자외선 차단 화장품을 선택할 때 자외선 차단 지수라는 것을 보고 골라야 한다. SPF(Sun Protective Factor)는 자외선에 의해 피부에 홍반이 생기는 시간을 표시하는데, SPF1이면 약 15분 차단을 의미하며, 한 여름에는 30 이상, 다른 계절에는 15 이상이면 된다. PA(Protect A)지수는 자외선 중 비교적 자주 노출되는 UVA 차단 효과를 나타낸다.

PA+는 두 배의 효과, PA++는 네 배, PA+++는 여덟 배의 차단 효과를 보이며, SPF보다 PA지수를 더 꼼꼼히 살필 필요가 있다. 한 여름 햇빛이 셀 때는 SPF40 이상에 PA+++ 를 쓰고, 그 외 계절에는 PA++나 PA+++를 쓰면 될 것이다.

그림 그리듯 메이크업

메이크업(색조 화장품)은 기초화장품을 사용한 후 얼굴, 손 등 피부에 색채를 입혀 아름답고 생동감 있게 표현하는 미적인 제품이다. 전체 색조를 맞추거나 기미나 주근깨, 주름 등을 잘 안보이게 하는 것이 기초 색조 화장품(base make-up)이고, 입술, 볼, 눈, 손톱 등에 국부적으로 색을 돋보이게 칠하는 부분 색조 화장품(point make-up)이 있다.

파우더는 돌가루

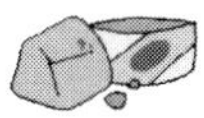

파우더의 기본 성분은 투명감과 흡습성이 뛰어난 흰색의 탈크(talc)로서, 부착력을 주기 위해 스테아린산 마그네슘 비누 등이 첨가되어 있다. 목욕 후나 면도 후에 사용하면 시원하고 매끔매끈한 기분을 준다.

루즈 파우더(loose powder)라고도 부르는 분(face powder)은 탈크 파우더에 색소와 향료를 첨가하여 화장력을 높인 제품이다. 피복력을 높이기 위해 산화 티탄이나 산화 아연을 배합하고, 땀이나 피지의 흡수력이 뛰어난 탄산 칼슘이나 탄산 마그네슘 등이 배합되어 있으며, 펄이나 마이카를 배합하여 반짝거리는 광택을 부여한 펄 파우더(pearl powder)도 있다.

콤팩트 파우더(compact powder)는 탈크에 바인더로서 유분을 소량 첨가하여 부착력을 높인 제품으로 농축 파우더(pressed powder)라고도 한다.

탈크(talc)
활석이라고 부르는 광물. 반응성이 없어 윤활제로 사용. $Mg_3H_2(SiO_3)_4$

파운데이션은 흰색 물감

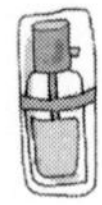

파운데이션(foundation)은 색조 화장을 잘 받도록 바닥을 만들어 주는 화장품으로서 액형, 크림형, 케이크형이 있다. 보통 무기 안료를 사용하고, 유지류와 계면활성제를 배합하여 부착성을 높이며, 분산성이 좋아야 한다. 정제수가 많은 배합으로 액상이 만들어지며, 점도증강제를 넣어서 크림형으로 만들거나, 왁스로 고형화시켜서 케이크형으로도 만든다. 여기서 사용하는 무기 안료는 그림 물감의 흰색에 사용하는 것과 같은 재료를 사용한다.

파란 빨강(루즈)?

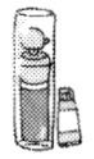

입술 연지(lip stick)는 보통 루즈라고 하는데, 루즈(rouge)는 불어로 빨간색이라는 뜻이다. 그러므로 파란색 루즈도 있지만 파란색 루즈는 '파란색 빨강' 이라는 이상한 말이 되는 셈이다. 루즈는 기본적으로 건조 방지와 색채 효과를 위한 입술 화장품이다. 색소로 카민이나 에오신 같은 식용 색소를 사용하며, 형태와 광택을 유지하기 위해 식물성 왁스, 밀납, 세레신 등의 고체 유성 원료와 피마자유, 유동성 파라핀, 합성 에스테르 등의 유동성 원료, 그리고 향유와 산화방지제, 방부제 등이 배합된다. 립스틱이 컵이나 지나가는 사람의 셔츠에 묻는 등의 문제 때문에 젊은 이들은 묻지 않고 잘 지워지지 않는 파라핀, 아크릴, 실리콘 등의 고분자를 사용한 립스틱도 많이 사용한다.

카민(camine)

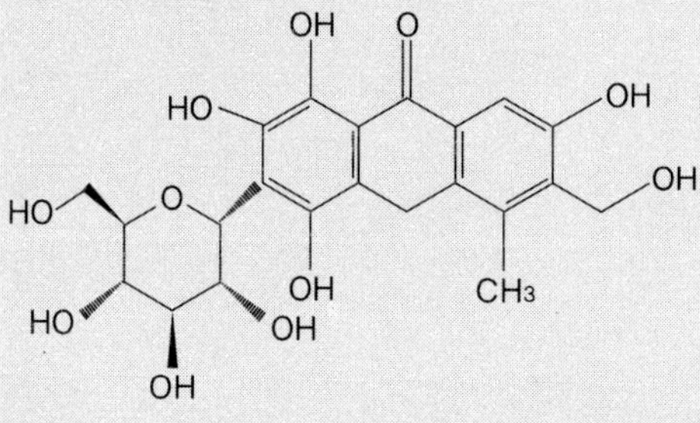

에오신(eosin)

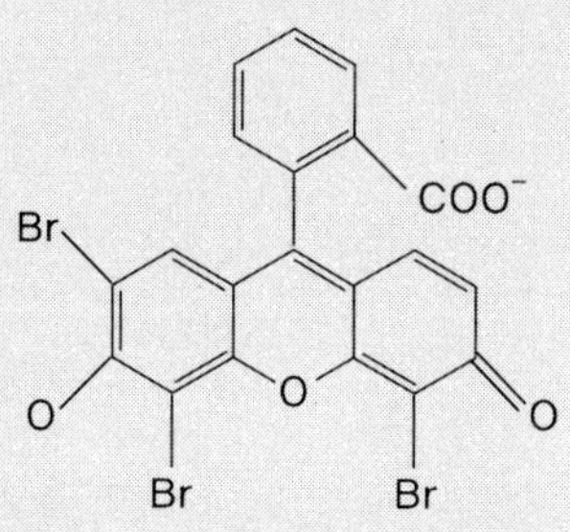

요즘 사용하는 립스틱은 단순한 광택이 아닌 진주 가루를 넣은 듯 한 반짝이는 펄 계통이 많다. 펄을 위해 질화 붕소(BN)나 운모 가루가 첨가된다.

폭탄 원료로 만드는 매니큐어

매니큐어(manicure)의 주성분은 니트로셀룰로즈를 주원료로 한 에나멜이며, 여러 다양한 색을 위해 무기 안료나 펄 안료 등을 포함한다. 매니큐어에 사용된 니트로셀룰로즈는 광택이 있고, 단단하며, 유연한 도막을 만드는 필름 성형 재료이다. 이 도막은 산소투과율이 높은 특징을 가지고 있는데, 다른 필름 성형 재료로 매니큐어를 만들면 손톱으로 산소가 흡수되지 못해 손톱이 죽는다. 또한 다이너마이트의 주성분인 니트로셀룰로즈는 액체 상태에서 보관과 수송이 어려웠고, 유동성이 있고 쉽게 새어나가 원하지 않은 폭발사고가 잦았다. 니트로셀룰로즈에 니트로글리세린을 흡착시키면 껌 같은 상태가 되어 보관 수송, 가공 등 취급이 용이하고

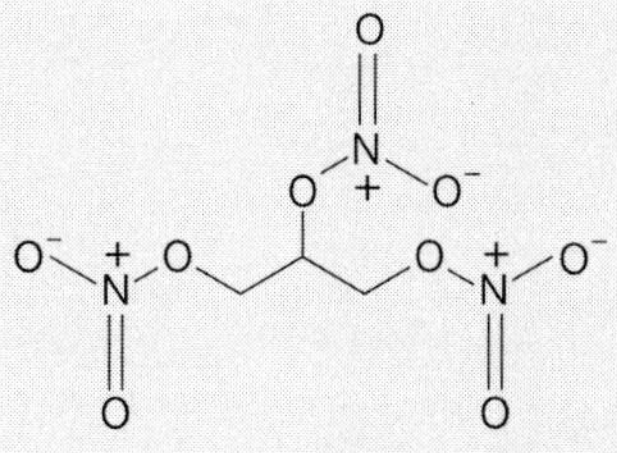
니트로글리세린(nitroglycerine)

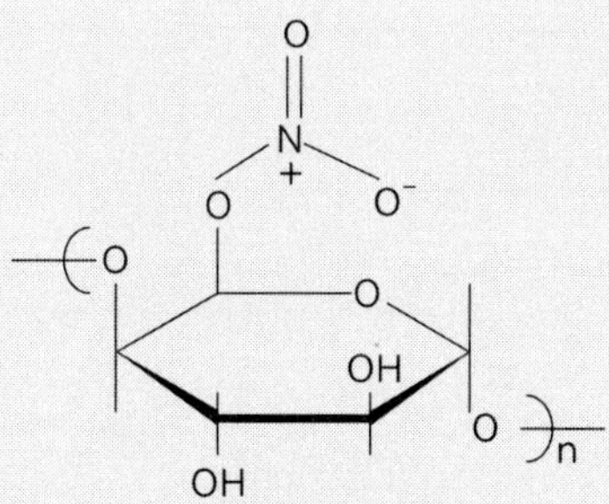
니트로셀룰로즈(nitrocellulose)

안전하여, 상업적으로 큰 성공을 거두어 노벨상을 탄생시킨 수훈을 세우게 되었다. 매니큐어 리무버는 아세톤을 주원료로 하여 니트로셀룰로즈 등 유기물을 용해하여 매니큐어 도막을 제거하는 데 사용한다.

아이펜슬은 숯으로 만든다

아이새도우(eye shadow)는 무기 안료를 체질이나 유성 유화제 등과 배합한 것인데, 고형 스틱, 붓이나 스폰지로 칠하는 유동액, 페이스트 타입 등 여러 형태로 사용한다.

아이펜슬(eyebrow pencil)은 흐리거나 짧은 눈썹을 그리는 데 쓴다. 체질 분말에 무기 안료를 배합한 것이다. 체질(body)은 색이나 특별한 기능이 없이 단지 부피를 증가시키기 위해 들어가는 성분을 말한다.

마스카라(mascara)는 속눈썹에 발라서 속눈썹을 진하고 굵고 길게 보이게 하는 화장품으로서 보통 검은색이 사용되었었으나 요즘은 보라색, 파란색, 자홍색, 갈색 등 매우 다양해졌다. CMC-Na 같은 수용성 고분자를 안료와 함께 배합한 유화제로서 부착력이 높다.

아이라이너(eyeliner)는 속눈썹에 선을 그려 넣어 눈의 인상을 강하게 하는 데 사용하는 검은색 계통의 화장품이다. 요즘은 검은색 외에도 부드러운 느낌을 주는 갈색이나 신비한 느낌을 주는 파란색 계통도 사용한다. 조성은 마스카라와 비슷하다.

향수는 원래 연기

향수는 프랑스어로 parfum이라고 한다. fume은 연기라는 뜻이고, par는 by라는 뜻으로, 연기를 통해서 향을 느끼게 하는 물질의 통칭으로 쓰였다. 기본적으로 향을 내는 원료(향료)를 알콜에 용해시켜서 자연 증발이 잘 되도록 한 것이 대부분이다. 여기에 방부제나 산화방지제 등이 첨가되기도 한다. 향수에는 농도에 따라 여러 종류가 있다.

엑스트레(extrait)는 향료의 비율이 15~30%로 가장 높고, 한 번 뿌리면 오래 지속되기 때문에 귀 뒤, 목, 팔 겨드랑이 등에 소량 사용된다.

오드파퓸(eau de parfum)은 엑스트레와 오드콜로뉴의 중간적 제품으로, 향료의 비율이 15%로서 지속성과 향의 은근함도 갖추어 널리 쓰이는 제품이다.

오드뚜와렛(eau de toilet)은 향료의 비율이 5~10%이며, 스프레이 타입으로 가장 많이 사용된다.

오드콜로뉴(eau de Cologne)는 독일의 쾰른이 원산지이나, 프랑스가 쾰른을 점령했을 때 이곳의 향수가 유명해져서 프랑스어로 부르게 된 것이 기원이며, 일본인에서는 오데콜롱이라고도 부른다. 향료의 비율이 3~5%로 향이 약하고 지속 시간이 짧아 우리는 많이 쓰는 편이지

만, 향을 진하게 사용하는 서양에서는 잘 사용하지 않는다.

샤워콜로뉴(shower Cologne)는 향료의 비율이 1~3%로 목욕 후에 몸 전체에 뿌리는 낮은 향의 제품이다. 목욕 문화가 발달한 일본에서 많이 소비되며, 샤워콜롱이라고 한다.

방향족:
벤젠 고리를 포함하는 화합물을 방향족이라고 하는데 그 냄새가 향긋하기 때문이다. 실제 향수 성분을 보면 방향족 구조가 많다.

칼론(calone)

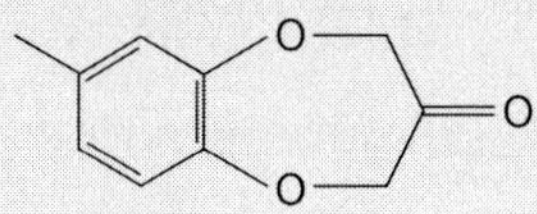

쿠아린(coumarine)

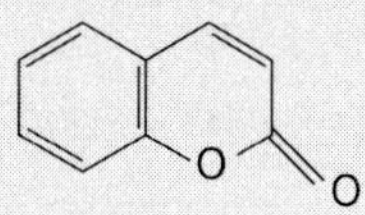

헤어케어

머리카락에 광택을 주고 부드럽게 해주는 헤어 케어는 올리브유나 아몬드유를 파라핀과 고급 지방산 에스테르 등에 혼합한 것이다. 포마드는 바세린(vaseline, 비결정성 파라핀 왁스) 또는 우지나 식물성 유지를 고형으로 만든 것이다. 이들 오일류와는 달리 헤어 크림이나 헤어 리퀴드는 에멀젼이므로 끈적거리지 않아서 젊은이들이 선호한다.

파라핀(paraffin)과 바세린(vaseline)

가장 단순한 탄화수소로서 $\left[CH_2 \right]_n$의 구조를 가지며, *n*이 20~40 정도 되는 사슬 형태이다. 바세린은 유럽 유니레버사의 파라핀 왁스의 상품명이다. 석유를 가지고 만들며 크림 상태로서 화장품, 의약품에 널리 사용된다.

헤어세트는 플라스틱을 바르는 것

헤어세트란 머리카락이 변동되지 않도록 모양을 고정시키는 역할을 한다. 로션, 무스, 스프레이, 겔 등의 형태가 있으나 그 성분은 거의 같다. 기본적으로 실리콘 오일과 수용성 고분자가 머리 모양을 고정시키는 성분으로 사용되고, 나머지 첨가제로 향료와 에탄올, 물, 유화제 및 분산제를 사용한다. 실리콘 오일과 수용성 고분자는 공기 중에 노출되어 곧 고체로 경화되는데, 이것이 바로 플라스틱인 셈이다.

실리콘 오일:
실리콘(Si, 규소)을 주성분으로 하는 사슬형 고분자로서, 내열성이 좋고, 생체친화성이 좋아 화장품, 의약품에 널리 쓰인다. 보통 실록산 구조로 되어 있다.

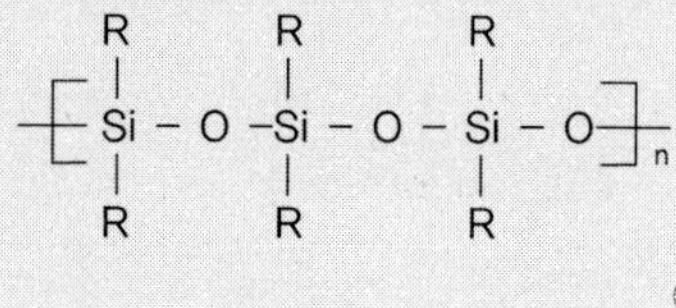

퍼머는 정말 복잡한 화학 반응

머리카락은 케라틴(keratin)이라는 단백질로서 글루타민산, 알기닌, 시스틴 등의 아미노산 구조로 이루어져 있다. 그중에서도 시스틴의 함량이 높은데, 시스틴에 포함된 황 결합(-S-S-)과 수소 결합(-N-H-)에 의해 여러 가는 가닥의 미세 머리카락(fibril)이 모여서 어느 정도 굵기의 머리카락(fiber)을 형성하기 때문에, 머리카락은 방향성과 탄력복원성이 있다. 퍼머(permanent waving)는 이런 이차 결합을 끊어서 복원력을 제거하고, 마음대로 모양을 재조정한 후에 다시 결합 반응을 시켜서 형태를 고정시킨다. 일반적으로 퍼머를 할 때 두 개의 약제를 사용하는데, 제1 제는 결합을 끊는 환원제로서 예전에는 탄산 소듐을 사용하였으나, 현재는 치오 글리콜산이라는 유기산과 시스틴산[$HSCH_2CH(NH_2)COOH$]을 사용한다. 특이한 냄새가 있어서 미장원에 가면 이 냄새를 알 수가 있다. 이밖에도 암모니아나 알칸올 아민 등의 알칼리와 계면활성제, 치오 글리콜산 및 시스틴산의 산화를 방지하는 금속 킬레이트인 산화철 등의 안정제가 들어간다. 제2 제는 머리칼의 단백질 사슬의 재결합을 위해 산화제인 과붕산 소듐이나 과산화수소, 브롬화칼륨 등이 사용된다.

시스틴(cystin)의 구조

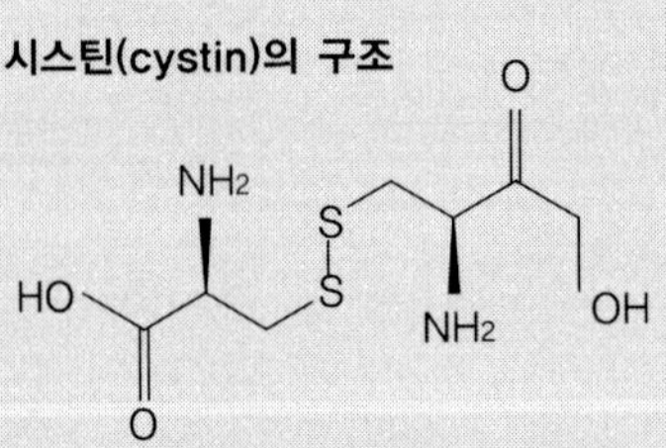

울긋불긋 머리카락

머리카락만 검은색으로 바뀌어도 십 년은 젊어 보인다는 말을 하듯이 염모제는 생각보다 널리 사용된다. 최근에는 젊은이들의 서구화 충동과 과시적 욕망에 의하여 다양한 색의 모발 염색이 점점 흔해지고 있다. 염모제는 머리 부근의 피부나 모발 및 모근을 손상시키지 않아야 하며, 색이 다양하고 자연스러우며, 염색이 빠르고 사용이 간편해야 한다.

모발 염색에 가장 많이 사용하는 검정색은 멜라닌 색소 계통이며, 갈색, 적색, 금발 계통은 탈색제와 함께 철계 색소를 사용한다. 최근에는 다양한 색소를 사용하여 노란색, 파란색 등도 가능하게 되었다. 가장 많이 사용하는 이액형은 산화형으로서, 산화형 염료인 방향족 아미노 화합물, 알칼리인 암모니아를 포함하는 제1 제와 과산화수소 등 산화제를 포함하는 제2 제를 혼합하여 바르면, 곧바로 산화하며 발색하는 염모제이다. 제1 제의 염료중간체의 종류에 따라 다양한 색이 결정된다. 제2 제에 들어 있는 과산화수소는 산화력이 매우 강하여 이미 모발에 있는 멜라닌 등의 색소를 분해시키고 페닐렌디아민을 산화시켜 디이민을 만들고, 염료중간체와 반응시켜 염료를 생성하는 산화 촉매로 작용한다. 일액형 염모제는 과산화수소와 암모니아의 반응에 의하여 발생하는 산소가, 방향족 아미노 화합물을 산화시켜 염료로 발색되면서 머리카락과 결합하여 염색된다. 그래서 크림이나 린스 형태의 일액형 염모제는 머리카락에 부착만 된 상태이므로 머리를 몇 번 감으면 색이 지워진다. 그밖에 직접 안료를 실리콘 오일과 함께 분사하여 모발에 부착시키는 컬러 스프레이도 많이 쓴다.

이액형 염모제의 발색 반응

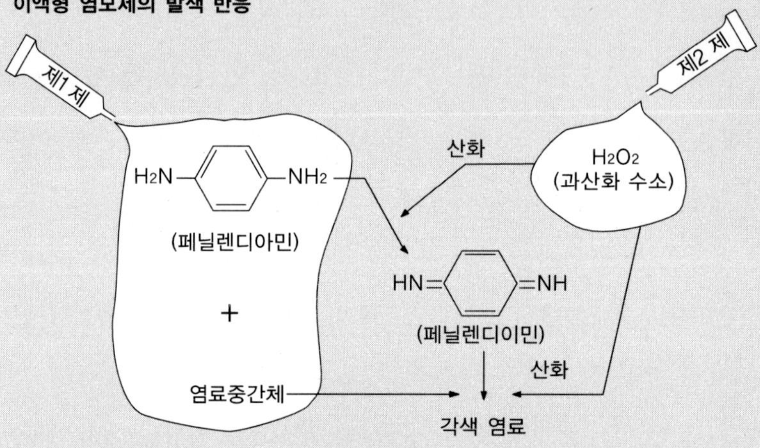

제1 제 안에는 보통 두 가지 성분, 페닐렌디아민과(다양한 색을 위한) 염료중간체가 들어 있다. 그 중 두 번째 반응은 염료중간체가 과산화수소(제2 제)와 반응하여 각색 염료가 발색된다.

Part 5

약국 코너

우리나라도 백화점이나 백화점 지하 마켓에 가면 약국 코너가 있다. 미국은 오래전부터 슈퍼마켓에 약국 코너가 있어서 의사의 처방 없이 살 수 있는 약품은 슈퍼마켓에서 값싸고 편하게 살 수 있다. 하지만 그런 곳에서는 자기가 필요한 약을 잘 선택해야 된다. 기본적으로 약은 우리 몸에서 화학적 · 생리적 작용을 하는 화학 물질이므로 다소간의 부작용은 필연적이다. 그러므로 필요하고 적절한 약을 정확하게 적당량 복용하지 않으면 건강도 잃고 돈도 잃는다. 우리가 흔히 접하게 되는 간단한 병에 대하여 다음 정도는 알아야 한다.

두통약 막 먹어도 좋은가?

우리 몸에 통증은 없어야 좋을 것 같지만, 사실 통증을 못 느낀다면 큰일 난다. 몸에 탈이 났는데도 통증을 느끼지 못하면 우리 몸에 이상이 생긴 것을 모르고 있다가 생명을 잃기까지 한다. 또 상처가 나서 피가 나는데 통증이 없다면 자신도 모르는 사이에 피를 너무 많이 흘려 사망할 수도 있다. 통증은 우리 몸에 이상이 생기면 나타나는 경고 신호로서 매우 필요한 감각이다. 가장 흔한 통증 중에 하나인 두통은 아주 복잡한 원인으로 나타난다. 몸에 이상이 생기면 프로스타글라딘이나 브라디키닌, 세로토닌 같은 국소 호르몬이 분비되는데, 감각의 신호로서 통증과 발열을 나타내며 염증도 수반한다.

진통제는 이러한 국소 호르몬을 억제하는데, 진통 작용과 해열 작용, 소염 작용을 함께 가지게 된다. 여기에 각성 효과가 있는 카페인을 첨가하고, 정신적 안정을 돕기 위해 신경 안정제 등을 첨가하기도 한다. 두통의 대부분은 근육 수축성 두통인데, 정신적 긴장이 어깨와 목의 근육을 수축시켜 머리로 전해지는 통증이다. 여기에는 근육 이완제 클로로메자논 등을 첨가한다.

그 다음으로 많은 것이 편두통인데, 혈액 순환이 잘 되지 않아 혈관 확장으로 인해 맥박이 뛸 때마다 한쪽 관자놀이가 지끈거리며 아프다. 편두통에는 혈관 수축제인 에르고타민이나 디클로랄페나존, 항세로토닌제 등을 첨가한다. 두통에는 무조건 두통약을 먹지 말고 그 두통이 왜 왔는가를 진찰 받는 것이 바람직하다.

많이 쓰는 진통제로는 아스피린이 있다. 아스피린은 프로스타글라딘의 생성을 억제하는 해열 소염 진통제이다. 너무 많이 쓰면 위벽에 출혈이 생기는 부작용이 있다고 알려져 있다. 특히 어린아이가 복용하면 뇌압이 높아지고 간 장애가 일어나, 갑자기 혼수상태에 빠지게 되어 생명까지 위독해지는 라이 증후군이라 불리는 부작용도 있다고 한다. 이런 점 때문에 부작용이 없는 아세트아미노펜(타이레놀) 등이 쓰이기도 한다. 타이레놀은 아스피린보다 소염 작용과 위장 장애의 부작용이 적지만, 다량 복용하면 간장 장애가 있다고 알려져 있다.

프로스타글라딘[prostaglandin(D2)]

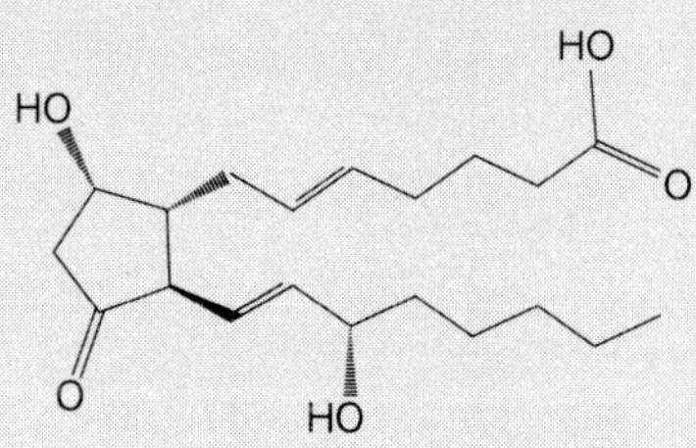

세로토닌(serotonin)의 구조

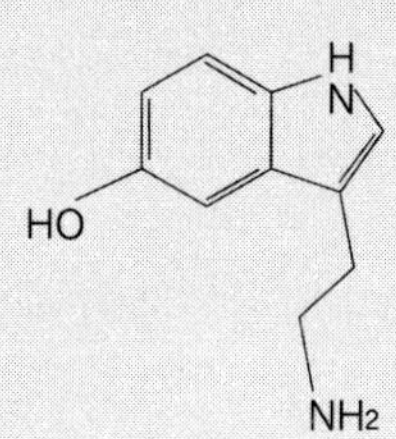

클로로메자논[chloromezanone (trancopal)]의 구조

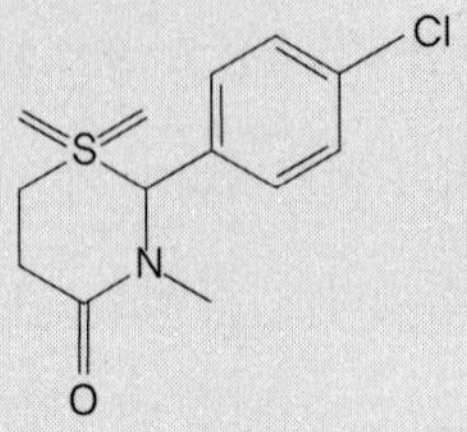

디클로랄페나존[dichloralphenazon (welldorn)]의 구조

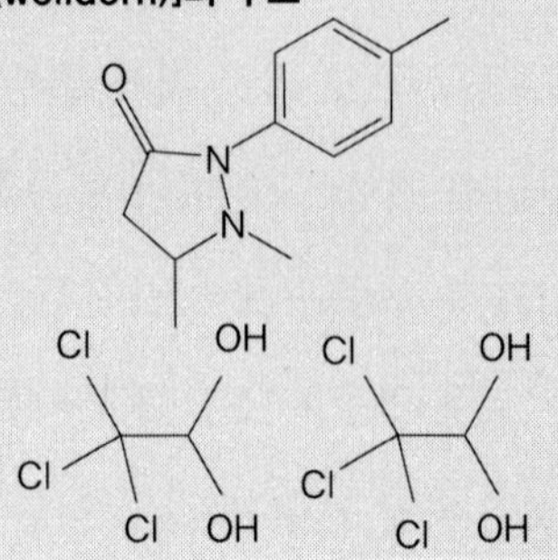

아스피린과 타이레놀의 구조

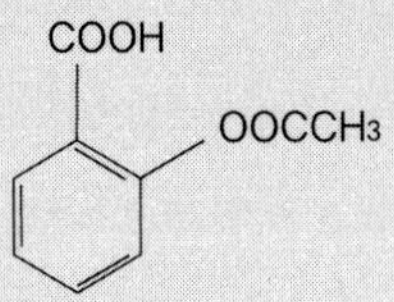

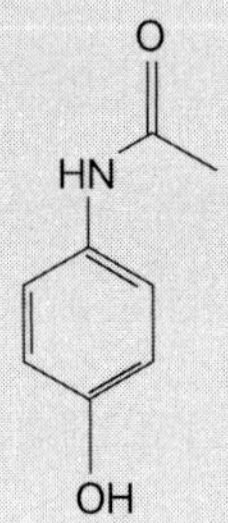

알러지는 왜 생기는가?

인체는 외부의 독성 물질이나 특이한 물질에 대해 경고성 반응을 하게 되어 있는데, 이 반응을 알러지라고 하고 이 반응을 일으키는 물질을 알러젠이라고 한다. 알러젠은 대부분 분자량이 큰 이종단백질(우리 몸 안에 있는 단백질과 다른 종류라고 해서 이런 이름이 붙었다)이다. 이런 알러젠(항원)이 우리 몸에 접촉하면 면역 글로블린 E가 항체를 형성하고, 이 항원-항체 착물(complex: 정전기적으로 결합한 분자 집합체)이 히스타민이라는 물질을 분비하게 하는데, 가려움증, 붓기, 충혈, 점액 분비 등 불편한 증상을 일으키게 한다. 이 히스타민과 구조가 비슷하여 히스타민 대신 먼저 반응해서 히스타민이 작용을 못하게 하는 것이 항히스타민제이다. 히스타민도 에틸아민($-CH_2CH_2NH_2$) 구조를 가지고 있으며, 대표적인 항히스타민제인 피리벤즈아민도 에틸아민기를 가지고 있다. 항히스타민제

히스타민(histamine)

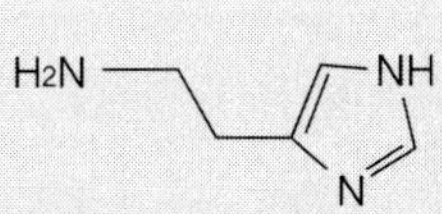

피리벤즈아민

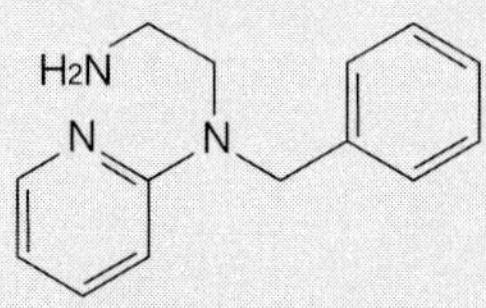

는 병원을 없애는 것이 아니라 최종 증상을 못 일어나게 하는 것이므로, 항원이 어떻든 간에 알러지에는 광범위하게 작용한다. 그러나 과용하면 졸음과 어지러움, 구토, 변비, 설사, 구강건조, 호흡억제, 기침, 심계항진, 저혈압, 빈뇨, 배뇨곤란, 발한 등 부작용도 보고되어 있으므로, 의사의 처방 아래 복용하여야 한다.

감기약은 너무 복잡해

감기는 공기 중에 날아다니며 전염되는 아주 작은 바이러스에 의하여 감염되는데, 매우 많은 종류의 바이러스가 관여하고 각 바이러스에 대한 연구가 완전히 되어 있지 않기 때문에, 병원성 바이러스를 직접 없애는 약은 아직 사용하지 못하고 있다. 다행히 감기를 일으키는 바이러스들이 아주 강하지는 않아서 우리 몸이 건강할 때는 자연적 면역력으로 이길 수 있다. 감기약을 먹는 것은 바이러스를 없애는 것이 아니라 단지 그 증상만을 제거하는 것이다. 그래서 감기약을 먹어도 며칠 앓아야 낫는다는 말을 한다. 그러나 이런 증상도 제거하지 않고 오래 감기를 앓으면 몸의 기력이 떨어지고 면역력이 약해져서, 다른 세균이 가세하여 합병증이 생기므로 초기에 감기약을 복용하는 것이 좋다.

감기의 증상은 콧물, 코막힘 등의 코감기와, 목이 붓고 기침과 가래

표 5-1 많이 쓰이는 감기약 성분들

항히스타민제	말레인산 클로로페닐아민, 염산 트리프롤리딘, 염산 클로로신나진, 염산 디페닐피날린, 말레인산 카르비녹사민, 옥소메마진
말초혈관 수축제	염산 메칠 에페드린, 염산 페닐 프로판올, 클렌부테롤
중추성 진해제	브롬화 수소산 덱스트로 메토르판, 염산 클로페라스틴
거담제	구아이페네신, 구어야콜 설폰산 칼륨, 암브록솔
점액 분비 억제제	벨라돈나 알카로이드, 디펙사미이드 메치요다이드

가 심한 목감기, 두통과 열이 많이 나는 몸살감기가 있다. 증상에 따라 각기 다른 약을 복용하며, 공통적으로 코나 목, 근육 등의 충혈(붓기)을 줄이기 위한 항히스타민제와 말초혈관 수축제를 포함한다. 말초혈관을 수축시키면 기관지가 확장되어 목과 코가 편해진다. 여기에 콧물감기에는 점액 분비 억제제가 첨가되고, 목감기에는 기침을 진정시키는 중추성 진해제와 가래 배출을 촉진하는 거담제를 첨가한다. 두통과 열이 나는 감기는 해열진통제를 더한다. 염증이 이미 심하게 진행되어 편도선이 많이 부었다면 항생제도 첨가해야 한다.

항히스타민제인 트리프롤리딘(Triprolidin), 옥소메마진(oxomemazine)의 구조

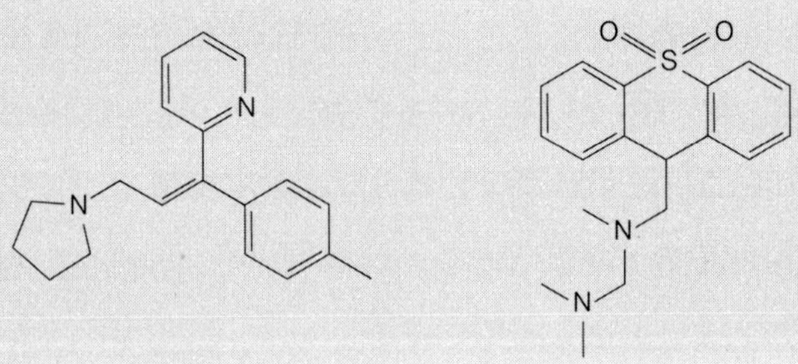

클렌부테롤(clenbuterol)과 에페드린(epedrine)의 구조

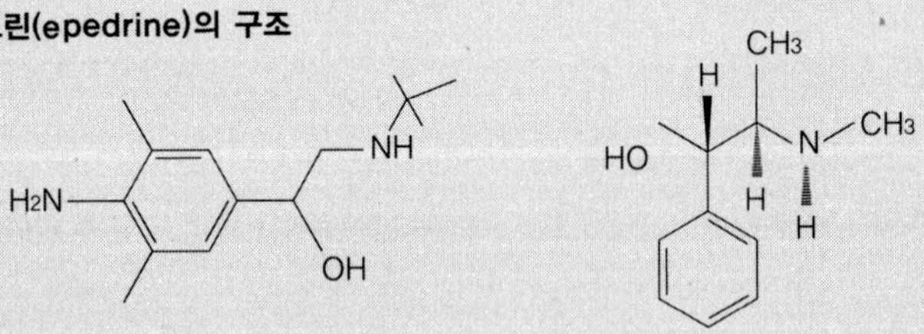

덱스트로 메토르판(dextromethorphane), 클로페라스틴(cloperastine)의 구조

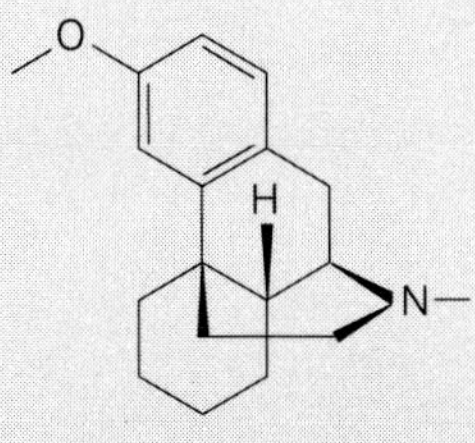

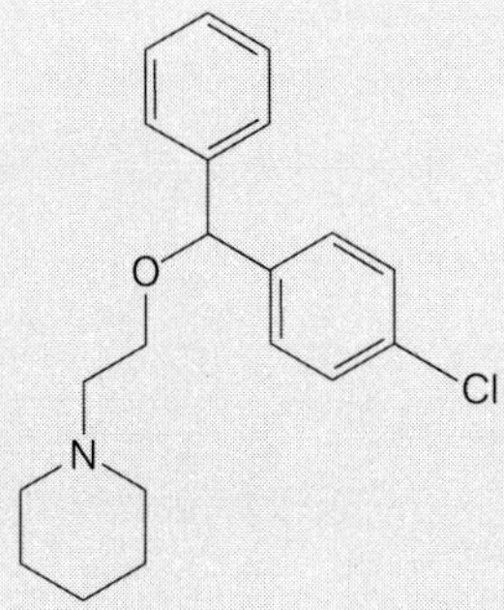

구아이페네신[guaifenesin(actifed)], 암브록솔(ambroxol)의 구조

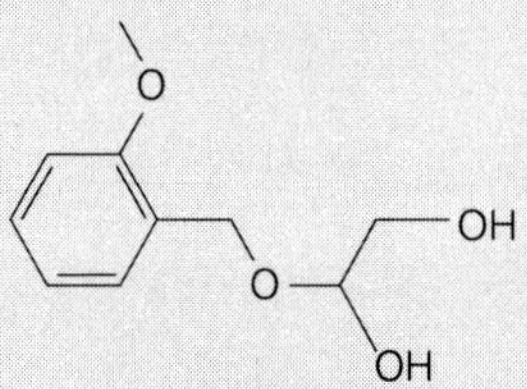

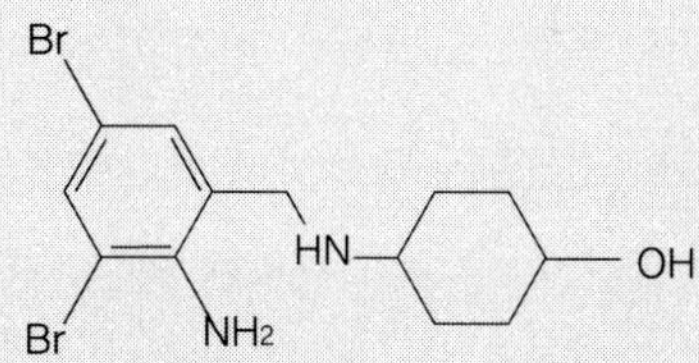

왕창 먹고 소화제 먹고

음식물이 소화되는 과정을 알면 소화불량이 왜 생기는지와 어떻게 치료할 수 있는지를 알 수 있다. 음식물의 소화는 우선 물리적인 소화로서, 이로 씹어서 잘게 부순 다음 위에서 위운동에 의하여 더 잘게 부순다. 그 다음은 화학적인 소화로서, 위에서 분비되는 위산과 펩신, 그리고 소장에서 작용하는 소화효소들에 의해 완전히 분해 · 소화되어 장으로 흡수된다. 소화불량이나 배가 아파서 먹는 소화제도 작용 원리에 따라 여러 가지가 있다. 우선 물리적으로 소화가 잘 되지 않아 생기는 소화불량(위의 운동 능력이 약하면 소화불량이 잘 일어난다)은 약으로 고칠가 수 없다. 이것은 되도록 음식을 잘 씹어서 천 천 히먹으면 어느 정도 해결할 수 있다. 위산이 부족해도 소화가 잘 안 되며, 이때 위산분비촉진제를 함유하는 소화제(활명수, 까스명수 등)를 복용하는데, 너무 자주 먹으면 위산이 과다로 분비되는 문제가 생길 수도 있으므로 주의해야 한다.

펩신 등의 소화효소가 부족해도 소화불량이 된다. 여러 효소(아밀라제, 리파제, 푸로테아제 등)를 함유하는 소화제를 먹으면 되지만, 너무 자주 먹으면 자율적인 효소의 분비력이 저하되어 만성 소화불량이 되므로 주의해야 한다.

만성 소화불량 및 복통은 여러 요인이 있다. 가장 흔한 것이 위점막이나 위벽의 손상으로 인하여 생기는 위궤양, 위염 등이다. 위장의 벽과 근육이 단백질이므로 단백질분해효소인 펩신은 음식뿐만 아니라 위도 녹이게 된다. 그러므로 위점막이 튼튼해야 위벽이 손상되지 않을 것이다. 위산 역시 pH 3~4 정도의 아주 강한 염산으로, 위점막이 없다면 위벽을 모두 녹일 것이다. 술, 커피, 담배, 맵고 짠 음식 등은 위점막을 많이 손상시킨다. 그렇게 되면 소화액들이 위장 자체도 녹이게 되어 위궤양이 되고 통증이 심해진다. 또한 위점막이 손상되면 잡다한 음식물의 세균에 의해 쉽게 감염되어 위염이 생긴다.

위점막 손상을 치료하려면 세 가지 과정을 거쳐야 한다. 첫째 위산을 중화하고, 둘째 위산 분비를 억제하며, 셋째 위점막을 보호하고 수복한다. 위산중화제는 탄산수소소듐(중조, sodium bicarbonate: $NaHCO_3$), 탄산칼슘(calcium carbonate: $CaCO_3$), 수산화마그네슘[$Mg(OH)_2$], 하이드로탈시드, 인산알루미늄 등이 있다. 위점막 보호제는 비스무스 제제나 설피리드, 프로글루마

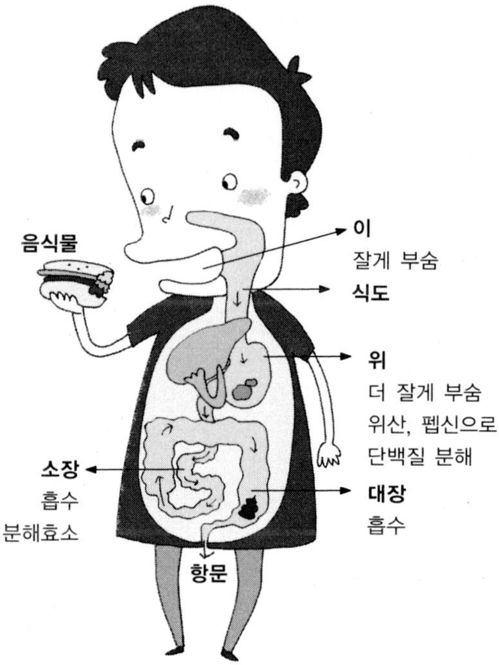

그림 5-1 몸의 소화 과정

이드, 염산세트락세이트 등이 있는데, 위의 위산중화제와 복합처방된 위장약들이 시중에 많이 시판되고 있다. 위산분비 억제제는 시메티딘, 라니티딘, 퍼모티딘 등으로 유명한 잔탁, 큐란 같은 위장약이 이에 속한다.

설피리드(sulpiride), 프로글루마이드(proglumide)의 구조

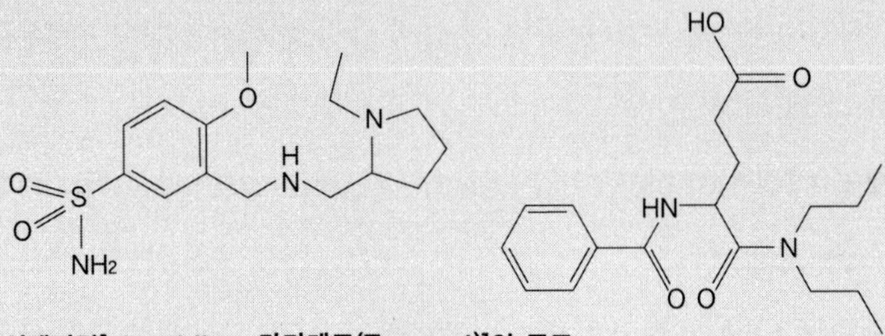

시메티딘[cimetidine, 타가메트(Tagamet)]의 구조

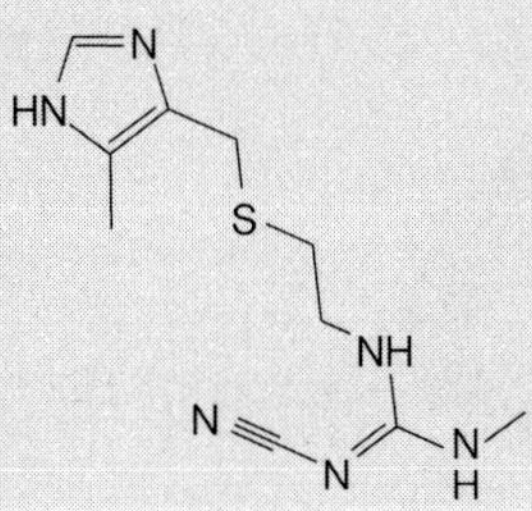

라니티딘[ranitidine, 잔탁(Zantac)]의 구조

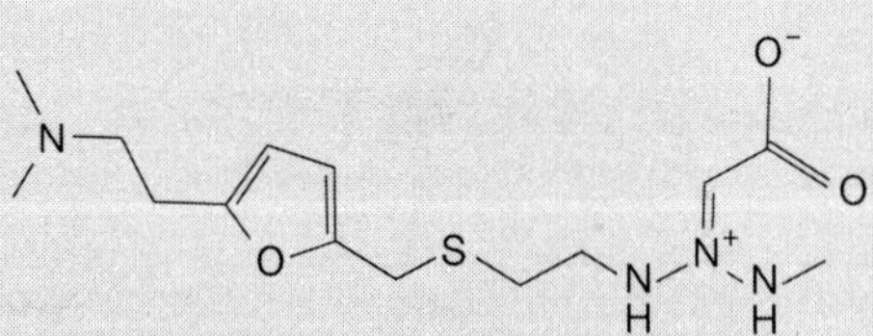

퍼모티딘[famotidine, 페시드(Pecid)]의 구조

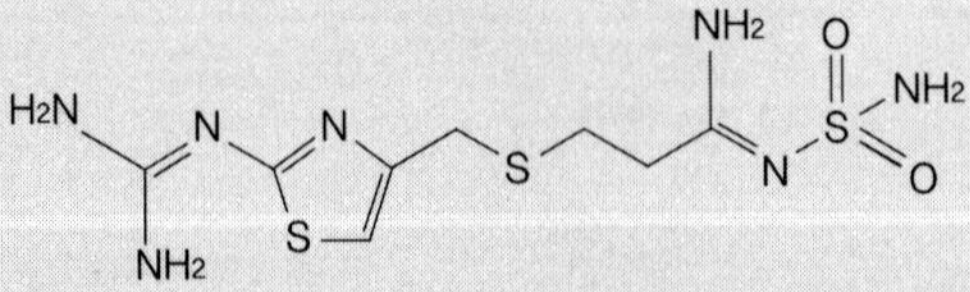

치과 아말감

이(치아)의 외벽은 주로 에나멜로 되어 있다. 치석(plaque)의 박테리아는 주로 젖산과 아세트산을 만드는데, 이것이 이의 표면 에나멜을 삭혀서 외부 박테리아가 이의 내부로 침투하도록 한다. 불소는 에나멜이 손상된 부분을 복구시키고, 무기질을 더 단단하게 해 준다. 이의 틈새가 커지면 이곳에 채워 넣을 수 있는 부드러운 금속이 필요한데, 크게 씌울 경우에는 금을 사용하지만 비용이 많이 든다. 씌울 부분이 작을 때는 은 아말감이나 수지(레진) 아말감을 사용한다.

은 아말감은 시공이 간단하고 값이 싸며, 강도가 좋다는 장점이 있어서 지금도 폭넓게 사용하고 있다. 은 아말감에는 수은이 첨가되는데, 일반적으로 수은의 사용이 위험한 것으로 생각되지만 아직 수은이 시술 중이나 시술 후에 환자에게 어떠한 악영향을 주었다는 보고는 없다. 합금을 만드는 중에 대부분의 수은은 반응하거나 증발해 버리므로 크게 걱정할 일은 아니라고 한다. 지금은 과학의 발달에 따라 치과계에도 수은을 전혀 쓰지 않는 새로운 재료가 출현하였다. 레진 아말감(resin amalgam)이 그것이다. 지금은 강도와 시공성, 자극성이 더 개선되었다. 우선 아말감이 이에 잘 부착되게 하기 위해 에칭(etching) 작업을 하는데, 보통 30~40%의 인산(H_3PO_4)으로 한다. 그 다음 충전제로 보강하고 자외선으로 경화되는 고분자를 액상으로 이의 틈새에 주입하며, 자외선을 쪼여서 경화시킨다.

에나멜:
미네랄로 된 표면 보호 물질을 말하며, 이의 에나멜 성분은 hydroxyapatite mineral $Ca_{10}(PO_4)_6(OH)_2$의 단단한 무기질로 되어 있다.

은 아말감의 조성:
제조사마다 약간의 차이가 있으나 미국치과의사협회의 표준 조성은 다음과 같다. 원가를 낮추고 강도를 보강하기 위해 구리가 들어가며, 아연은 산소를 포집하는 제산제로 쓰이는데, 현재는 거의 사용하지 않는다.

은	65 %
주석	29 %
구리	6 %
아연	2 %
수은	3 %

비아그라
非오그라

전 세계적으로 선풍적인 인기를 얻고 있는 비아그라는 경구 투입 후, 30분 내지 두 시간 내에 혈액에 흡수, 해면체의 혈류량을 증가시켜 오그라들지 않게(非오그라) 하는 발기부전 치료제이다.

미국 UCLA의대의 이그나로(Louis Ignaro)박사는 NO(일산화 질소)가 혈관 확장 물질임을 밝혀냄으로써 고혈압 치료에 획기적인 길을 열게 되었고, 그 공로로 노벨상을 수상했다. 다른 동물과는 달리 인간의 음경은 뼈가 들어 있지 않고 실핏줄이 가득찬 해면체이다. 그런데 NO를 이용하여 고혈압 치료를 받는 환자들이 음경의 지속적인 발기를 호소하게 되어 우연찮게 발견되었고 발기지속제로 더욱 큰 주목을 받았다.

중요한 사실은 비아그라가 발기가 불완전하거나 발기가 지속되지 못하는 병의 치료제이지 정력제가 아니라는 점이다. 정상에 가까운 사람이나 정신적인 이유로 발기 부전인 사람이 이 약을 복용하면, 심장 이상을 일으킬 위험도 있어 주의를 요하고 있으며, 급격한 혈압 증가로 사망한 경우도 보고되고 있다.

비아그라의 발기 지속 작용:
성적 자극을 받으면 해면체 내의 일산화 질소(NO)가 유리되고, guanyl cyclase 효소를 활성화시켜 PED5를 억제하고 cGMP의 농도를 증가시키면, 해면체의 평활근 이완이 일어나 혈액이 다량 유입되어 팽만해진다. 이 PED(phosphodiesterase)는 여러 가지가 있고 심장의 수축에도 관계하는데 서로 종류가 다르다. 비아그라는 다행히 다른 PED는 억제하지 않고 생식기 해면체의 PED5만 억제하는 것으로 알려져 있다.

비아그라(viagra)의 구조

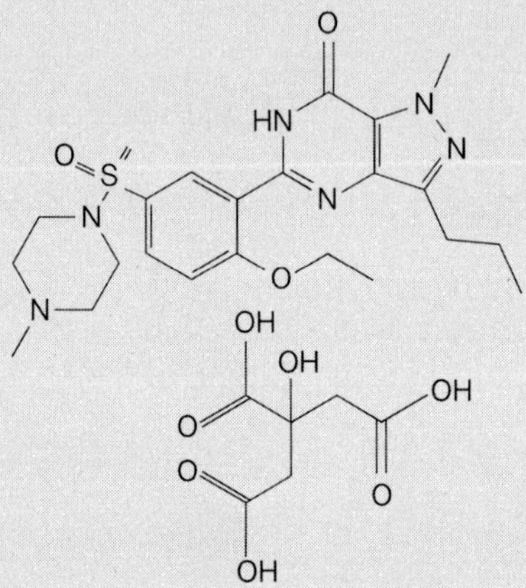

Part 6

문구 코너

문구 코너에는 매우 다양한 제품들이 전시되어 있으나 여기에서는 주로 필기구와 미술 재료를 설명하였다. 어린이들이 사용하는 문구에는 안전성과 무독성이 중요한 요인이 된다. 필기구도 수성, 유성 등 여러 가지가 있어 그 구조와 특성을 알면 적합한 것을 잘 선택할 수 있을 것이다. 취미활동으로 많이 하는 미술의 재료들도 많은 발전을 하여, 어디든지 칠할 수 있는 아크릴 물감도 나와 가정의 오래된 가구나 물건에 새로 색을 칠하여 변신시킬 수도 있을 것이다.

연필에는 연(납)이 없다

연필(lead pencil)에는 연(납: lead)이 없다. 연필심을 납이라는 뜻의 리드(lead)라고 하는데, 실제로는 납이 아니라 연필심으로 쓰이게 된 그라파이트(graphite)가 납(lead)처럼 보이는 것을 검은색이나므로 흑연(black lead)이라고 부른 데서 연유한다. 흑연과 점토를 섞어서 만든 심을 나무에 박은 현재와 같은 연필은 프랑스의 천재 기술자 니콜라 자크 콘테(Nicolas-Jacques Conté)가 발명하였다. 이 흑연과 점토를 섞어서 분필같이 만든 것을 콘테(conté)라 하고, 담채화(한 가지 색으로 그리는 그림)를 그리는 데 쓴다. 흑연이 납이 아니라 그라파이트(탄소 결정체) 라는 사실은, 스웨덴의 화학자 칼 빌헬름 쉘레(Carl Wilhelm Scheele)가 1779년 처음 밝혀내었다. 연필의 진하거나 흐린 정도는 점토의 함량에 따른다. 점토의 함량이 많으면 연필의 색이 흐려진다. 연필의 진하고 흐린 정도는 B로 표시하며, 흐리고 단단한 정도는 H로 표시한다.

그라파이트 구조

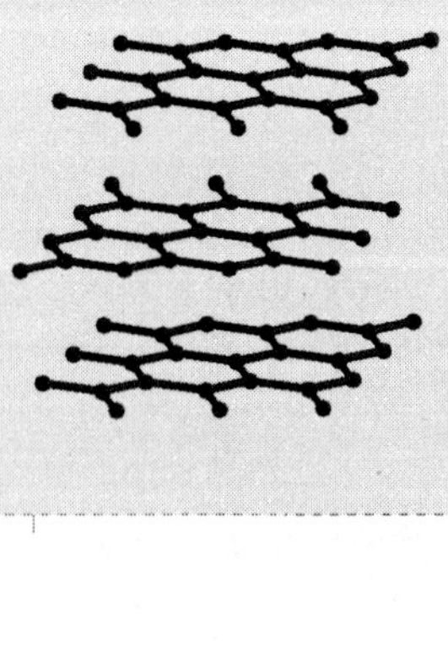

그림 6-1 연필의 진하고 옅음

볼펜에는 볼(공)이 있다

현재 가장 많이 쓰는 필기구인 볼펜은 1895년에 처음 발명되었는데, 그 후 아르헨티나에 사는 헝가리인 라즐로 비로(Lazlo Biro)에 의해 현재와 같이 편리한 형태로 발전되었고, 1930년대 영국에서 대중화되어 전 세계로 전해졌다. 아주 작은 강철 공이 펜 끝에서 돌 수 있게 되어 있어 잉크에 젖은 공의 한 면이 굴러서 바깥으로 나오면서 써진다. 잉크는 빨리 마르는 유성으로 되어 있다. 볼펜은 잉크가 중력에 의하여 흘러나오게 되어 있으므로 촉을 위로 하여 쓰면 안 써진다.

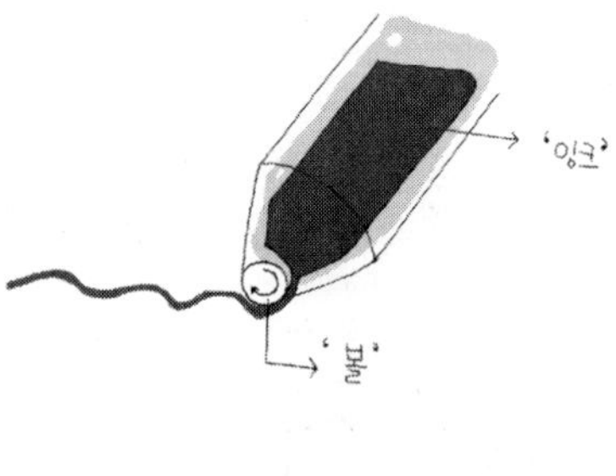

그림 6-2 볼펜의 구조

사인할 때 쓰면 안 되는 사인펜

연필과 볼펜은 눌러 쓰는 필기구인데 반하여, 만년필과 사인펜은 잉크가 흘러 나와서 누르지 않고 쓰는 필기구이다. 7세기경부터 깃털펜(quill pen)이 쓰인 것으로 생각되며, 19세기 중반에 금속 펜촉이 발명되었고, 그후 잉크를 들고 다녀야 하는 불편을 개선하여 만년필이 발명되었다. 더욱 간편한 사인펜은 1960년대에 시판되기 시작했다. 다공성 고분자 펜촉이 모세관의 원리로 잉크를 이동시켜 부드럽게 써지며, 촉의 모양에 따라 굵게, 가늘게, 또는 다양한 형태의 필기가 가능하다. 잉크도 수성, 유성 모두 가능하지만 대부분 수성을 많이 쓴다. 은행이나 관공서에서 사인할 때 사인펜으로 하려면 볼펜으로 하라고 한다. 왜 그런가? 사인펜의 잉크는 보존성이 좋지 않고 눌러 쓰지 않으므로 밑으로 복사해야 하는 경우에 복사가 되지 않기 때문이다.

지우개는 왜 연필만 지우는가?

지우개는 고무와 속돌(경석) 가루, 식물성 기름으로 만든다. 지우는 원리는 종이 위에 얹혀 있는 연필 가루를 종이 보프라기와 함께 살짝 벗겨 내는 것이다. 그래서 연필로 쓴 것을 지울 수 있다. 잉크로 쓴 것은 지우지 못한다. 연필은 종이의 요철 면에 흑연의 고체 가루가 얹혀 있는 상태이기 때문에 고무로 문질러 낼 수 있지만, 볼펜, 만년필, 사인펜은 액체의 잉크가 종이 섬유 사이에 스며든 것이기 때문에 문질러서 지울 수는 없다.

풀을 깨끗이 떼어내는 방법

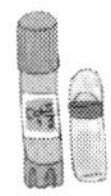

접착제에 대한 최초의 언급은 성경에서 나온다. 5000여 년 전 노아의 홍수 직후에 바벨탑을 쌓을 때 벽돌과 역청(석유 타르)을 접착하여 높은 탑을 쌓았던 것이다. 고대 이집트에서는 아라비아 검과 밀로 만든 풀을 썼고, 가구를 만들 때는 동물성 아교를 사용했다. 제1차 세계대전 때는 카제인(우유에서 얻어지는 인지질의 복합체)을 사용한 합판을 사용했고, 배를 만들기 위해 나무를 접착할 때는 동물 혈청을 사용했다. 제2차 세계대전을 계기로 합성 접착제가 급격한 발전을 이루었다. 접착제는 표면이 고르거나 압력을 주거나 해야 좋은 접착력을 얻는다.

보통 미국에서 school glue라고 부르는 폴리 비닐 아세테이트 풀은 우유빛 액체로서 물과 고분자 라텍스, 충전제, 가소제로 되어 있으며, 병에 보관한다. 다공성 물질들, 즉 종이나 보드지들은 빨리 붙지만 반질반질한 나무나 도자기는 12시간 이상이 걸려야 겨우 붙는다. 굳은 후에는 기름에 녹지 않는다. 산성으로 만든 것은 방수성이 더 좋아진다. 보통 우리나라에서 물풀이라고 하는 플라스틱 풀은 맑은 용제로 되어 있어서 휘발하며 굳는데, 강한 접착은 기대하기 힘들며, 종이나 책, 작은 모델 등에 좋다.

풀로 붙인 병의 라벨을 떼어내는 데는 3% 가성 소다액을 쓴다. 또 한 가지 가정에서 쉽게 쓸 수 있는 방법은 헤어 드라이기를 쓰는 것이다. 라벨이 접착된 계면에는 고형화된 고분자가 있는데, 이 플라스틱은 열을 가하면 유동성이 생기므로 떼어 낼 수 있게 된다.

순간 접착제

순간 접착제는 10초에서 2분 정도면 완전히 굳어서 접착력이 매우 강하다. 보통 많이 쓰고 있는 슈퍼글루(superglue)는 메틸시아노아크릴레이트와 적당한 안정제로 되어 있다. 공기 중의 수분이 약간만 접촉되어도 아주 빠른 시간에 아주 강하게 접착되며, 0.5 mm의 틈이 있어도 접착에 문제가 없다. 그러나 충격과 온도, 수분에 취약하다.

순간 접착제는 전기 부품의 접착에 널리 쓰인다. 휘발 용제가 독성이 있고, 너무 빨리 접착되어 손 같은 피부에 접착되면 떼어내기 어려우므로 조심해야 한다. 만일 피부에 묻거나 붙었을 때 억지로 떼어내면 피부가 떨어지기까지 하므로 조심해야 한다. 이럴 때는 매니큐어 리무버를 바르고 조금 기다리면 떼어낼 수 있다. 매니큐어 리무버는 강력한 용제인 아세톤이기 때문이다.

메틸시아노아크릴레이트(methy-2-cyanoacrylate)

methy-2-cyanoacrylate는 공기 중의 수분이 염기성 촉매로 작용하여 빠른 음이온 중합 반응이 진행된다.

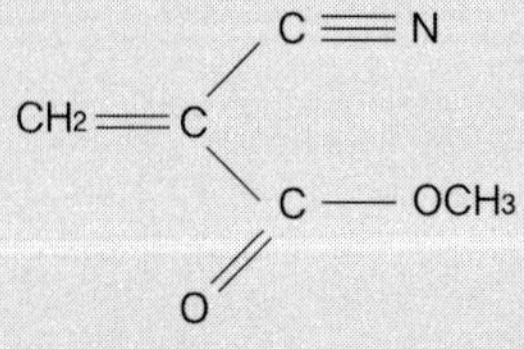

크레용과 크레파스는 어떻게 다른가?

초등학교 저학년 미술 시간에 많이 쓰는 크레용은 색을 나타내는 안료와 파라핀 왁스(양초와 같은 성분)를 섞어서 고형화한 것이다. 혼색이 되지 않아 색채 교육에는 좋지 않지만, 잘 묻지 않고 잘 지워져서 덜 조심해도 되므로 편하기는 하다. 어린아이의 표현력 계발 첫 단계에서나 쓰고, 혼색이 되어 색채 교육이 가능한 다른 물감으로 점차 바꾸는 것이 바람직하다. 크레파스는 오일 파스텔이라고도 하는데, 안료에 식물성 기름을 섞어서 크레용보다 부드럽고 잘 칠해진다. 그러나 이 크레파스도 혼색이 잘 되지 않으므로 색채 교육에는 바람직하지 않다.

파라핀(paraffin)
파라핀은 길지도 짧지도 않은 중합도 20~40 정도의 탄화수소 사슬로서 보통 왁스상이다.

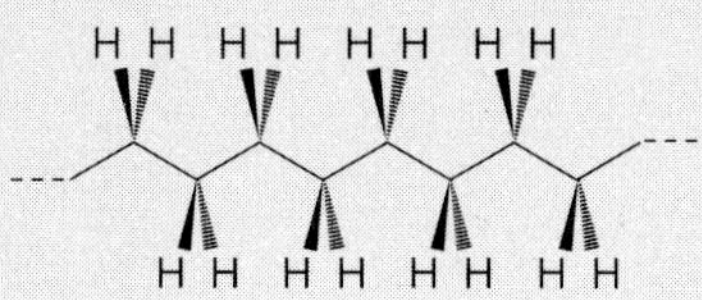

수채 그림 물감도 껌으로 만든다

학교에서 쓰는 그림 물감으로는 수채 물감이 있다. 안료와 아라비아 검(gum)이라는 천연 수지와 물을 섞어서 만든 것으로서, 투명하고 묽게 만든 것이 수채 물감이다. 여기에 쓰이는 아라비아 검은 우리가 씹는 껌과 마찬가지로 일종의 천연 플라스틱인데, 당과 단백질의 복합체로 이루어져 있다. 마른 상태나 낮은 온도에서는 고체지만 수용성이기 때문에 물에 녹거나 높은 온도에서는 액체 상태가 되므로, 흐르는 상태에서 붓으로 그린 후에 마른 상태로 그림을 보존할 수 있는 것이다. 염료가 아닌 안료를 쓰기 때문에 물로 씻어낼 수 있다. 염료는 용매에 녹아서 염색에 쓰이지만, 그림 물감에는 안료만 쓴다. 아주 싸구려 그림 물감은 염료를 섞는 경우도 있기 때문에 믿을 수 있는 회사의 제품을 쓰는 것이 좋다. 우리나라는 보통 저학년에서 수채 물감을 쓰는데, 수채화는 회화적 특성이 강하며, 붓의 기술적 훈련을 위한 전문가 지향적인 물감이다. 교양 교육으로서 색채 교육과 구성력을 키우기 위해서는 색채가 정확하고 이론적인 혼색이 가능한 포스터컬러가 적당하다.

포스터컬러는 수채화와 어떻게 다른가?

학생들이 교실 미화를 하거나 만화를 그릴 때, 수채화보다 진한 색의 그림을 그릴 때는 포스터컬러를 쓴다. 이것은 수채화와 같이 아라비아 검과 물을 혼합하여 만들지만, 색을 내는 안료는 다른 종류를 사용하여 만든 것이다. 수채화가 투명한 반면 포스터컬러는 불투명한 물감이기 때문에 안료의 양이 많이 들어가고, 안료도 불투명한 안료를 사용한다. 포스터컬러는 색이 진하고 분명하며 정확하여 색채 교육에 좋다. 그러나 색상이 밝지 못하고 은은한 것은 안료 이외에 다른 보조제를 많이 넣은 것이므로 질이 좋지 않다. 그리고 색상이 정확하지 않고 혼색했을 때 특히 부정확한 색상이 나오므로, 올바른 색채 감각을 갖도록 교육하기 위해서는 선택에 신중을 기하여야 한다.

유화는 만지면 안 돼요

회화용 유화 물감은 아마인유(린시드 오일, linseed oil)에 안료를 혼합하여 안정화시킨 것이다. 약간 투명한 듯한 깊은 색감, 독특한 광택, 입체감이 나며, 수채화나 포스터컬러보다 장기간 보존이 가능하므로, 서구에서 회화의 대표적인 재료로 자리잡고 많은 명화를 배출한 물감이다. 그러나 제작에 너무 오랜 시간이 들며 취급이 쉽지 않아 전문가들만이 사용하여 온 것도 사실이다. 어떤 색은 일 년이 지나도 완전히 마르지 않아 손을 대어 눌러 보면 속이 물렁물렁한 경우가 있으며, 그래서 잘 손상되기도 한다. 유화 물감의 제조에 사용되는 아마인유는 식물성 불포화지방산으로서, 공기 중의 산소와 반응해 가교 반응을 하여, 액체 상태였던 기름이 고체화된다. 고체화된 도막에 의하여 속의 안료 입자가 보호받게 되므로, 더욱 장기간 보존할 수 있는 것이다.

제 3의 물감

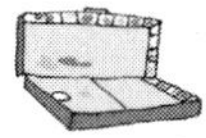

최근에 회화계에도 새로운 재료가 나와서 기존의 물감들을 대체하고 발전을 거듭하고 있다. 제 3의 물감(제 1은 수채화, 제 2는 유화)이라고 부르는 아크릴은 장점이 매우 많다. 수채화는 수용성이라서 다 그린 후에도 물이 닿으면 망가지고, 보존이 오래 안 되는 단점이 있다. 유화는 보존성이 좋지만 기름을 사용하여 그림을 그리는 불편함이 있고, 빨리 마르지 않아 제작 기간이 너무 긴 단점이 있다. 그러나 아크릴 물감은 사용할 때는 수채화처럼 물로 그리고 빨리 마르지만, 마르고 나면 물에 안 녹고 보존이 아주 오래되는 획기적인 물감이다. 특히 아크릴 물감의 빨리 마르는 성질은 매우 편리하고 유익하여 회화뿐 아니라, 공예나 산업계에서도 폭넓게 사용되고 있다. 제한된 시간에 미술 교습을 받을 때에도 적당하다. 유화와 거의 같은 효과를 낼 수도 있고, 포스터컬러와 같이 쓸 수도 있으며, 물을 많이 섞어서 사용하면 수채화와 같은 효과도 가능하다. 더구나 거의 모든 물체 표면에 그릴 수 있어서 그 응용 범위가 매우 넓다. 돌이나 플라스틱, 나무, 종이, 금속, 유리 등 거의 모든 재료에 그릴 수 있다.

물감의 기본 성분:

모든 물감은 세 가지 성분으로 만들어진다.

- 색료-안료나 염료로서 색을 나타내는 성분.
- 체질-무기증량제로 색에는 아무 영향을 주지 않으면서 부피를 늘리고 농도를 조절 해주는 성분.
- 전색제-색료와 체질을 일체화시키고 바닥재에 도포시키고 점착시켜 주는 성분. 예를 들면, 수채화 물감에서 색료는 안료, 체질은 탄산 칼슘, 전색제는 아라비아 검이다.

페인트

1940년대부터 유성 페인트가 시판되었다. 페인트는 안료에 전색제(vehicle)를 섞고, 은폐력과 중량을 위해 무기 체질을 더한다. 체질은 점토, 활석(talc), 집섬, 규산염(silicate), 탄산염(carbonate) 등을 쓴다. 전색제는 안료를 부착시키고 분산시키는 역할을 하는 것으로서 아마인유나 생선 기름 등의 불포화 기름 등이 사용되며, 빛과 공기에 접촉하면 가교 반응을 하여 굳은 도막을 형성한다. 붓질이 잘되어 쉽게 칠할 수 있게 휘발성 광물유인 시너(신나, thinner)를 타서 쓰기도 한다.

1950년대부터 아크릴, 비닐 등 합성 수지를 전색제로 쓴 수성 페인트가 쓰이기 시작했다. 굳기 전에는 수용성이라서 물에 타서 쓰고, 물로 붓을 씻을 수 있으며, 건조 후에는 물에 씻기지 않는 아주 편리한 페인트이다. 인화성 기름을 쓰지 않기 때문에 위험하지도 않아서 가정에서 쓰기에 이상적이다.

Part 7

의류 코너

옷은 우리 몸을 보호할 뿐 아니라 아름답게 보이기 위해서 입는다. 옷이 날개라는 말이 있듯이 의류 구입은 매우 중요한 일이다. 여러 가지 재료를 사용하므로 약간의 지식을 갖추어야 경제적으로 필요에 맞는 옷을 구입할 수 있다.

천연섬유와 합성섬유

섬유는 크게 천연섬유와 합성섬유가 있다. 천연섬유가 무조건 좋은 것만은 아니다. 천연섬유는 땀을 잘 흡수하고 착용감이 좋고 정전기가 적은 반면, 약하고 구김이 잘 가고 세탁할 때 줄어드는 단점이 있다. 합성섬유는 질기고 구김이 잘 안 가는 장점이 있다. 내복으로는 천연섬유가 좋고, 겉옷이나 작업복으로는 합성섬유가 좋을 것이다. 그 둘을 적절하게 혼방한 것도 많이 쓰인다.

옷에 맞는 세탁법으로 세탁하지 않으면 옷이 줄거나 탈색되거나 손상된다. 의복 재료로는 여러 가지 섬유를 쓰는데, 각 섬유는 그 나름의 성질이 있다. 옷의 라벨에 섬유의 종류를 표시한다. 표 7-1에 섬유의 종류와 물성을 정리하였다.

■ 각 섬유의 특징

① **양모**는 값이 비싸지만 부드럽고, 따뜻하며, 상당히 질기고, 정전기도 적으며, 불이 잘 붙지 않는 천연섬유이다. 강도를 위해 나일론과 혼방도 한다. 드라이클리닝을 하는 것이 안전하며, 손빨래를 할 때에는 중성세제로 비비지 말고 주물러 빤다. 세탁수는 40도 이하로 해야 한다.

② **비단**은 천연섬유로는 유일한 긴 연속 섬유이며, 누에에서 뽑는

다. 양식이 아닌 천연 누에에서 뽑는 천연 비단도 있고, 조각 고치나 폐 고치로부터 뽑는 견방사도 있다. 비단은 햇빛이나 땀, 비누 등에 의해 누렇게 되며 약해진다. 드라이클리닝이 안전하며, 손빨래를 할 때에는 중성세제를 사용하고, 비비지 말고 주물러 빤다. 물의 온도도 40도 이하로 한다.

③ **면**은 자연 셀룰로즈로서 값이 비싸지 않아 가장 많이 쓰이는 옷감이다. 물에 잘 젖는 특성 때문에 수건의 재료, 또는 내복 재료로 많이 쓰인다.

④ **마**는 아마의 줄기로 만들며, 올이 거칠고 굽힘 마찰에 약하다. 삼베도 비슷하며, 레이욘과 혼방하기도 한다.

⑤ **아세테이트**는 펄프의 셀룰로즈를 변성시켜 만들고 유기 용매, 즉 매니큐어나 페인트, 시너, 향수 등에 녹는다.

⑥ **트리아세테이트**는 아세테이트와 비슷하나 물이나 마찰에 더 약하고, 열에는 더 강해서 다림질이 잘 되고 주름이 오래 간다.

⑦ **비스코스 레이욘**은 셀룰로즈로 만든다. 레이욘은 가장 저렴한 섬유 중 하나이다.

⑧ **아크릴섬유**(polyacrlonitrile)는 모직과 비슷한 촉감이고, 취급이 간편하여 많이 쓰인다. 모직보다 더 질기고 부드럽고 가볍다. 유기 용매나 표백제, 산과 알칼리 등에 더 강하다. 그러나 보풀이 일어나면 끊어지지 않고, 바운스(무릎 나옴)가 생기면 회복이 잘 안되며, 불이 잘 붙는다.

⑨ **폴리에스터**는 늘거나 줄지 않고 아주 강하며, 주름이 안 풀어지는 옷에 쓰이고, 세탁이 쉽다.

⑩ **스판**(spandex)은 폴리우레탄(polyurethane)인데, 여러 천연섬

유나 나일론 등과 혼방한 것이다. 가볍고 표백제나 소독 염소 등에 약하다.

⑪ **나일론**(Nylon, polyamide)은 Nylon 66, Nylon 6, Nylon 11, Nylon 4 등이 옷감으로 많이 쓰인다. 합성섬유 중 가장 강하며, 잘 늘거나 줄지 않지만 열이나 자외선에는 약해서 햇빛을 받는 커튼에는 부적당하다.

⑫ **폴리에틸렌**(polyethylene)이나 **폴리프로필렌**(polypropylene)도 섬유로 쓰이며, 가볍지만 염색이 잘 안 된다. 담요, 양탄자, 가구 커버, 인조 잔디 등에 쓰인다. 모직과 섞으면 보온도 더 잘된다.

표 7-1 섬유의 종류와 물성

섬유의 종류		비중	탄성률	탄성회복률	인장강도	흡습성	열전도도	연화점	녹는점	안전다림질온도	난연성	연소독성	내충성	비고
식물성	면	1.54	42~82	74	0.17	8	0.54	171	215	220				
	아마	1.50		64	0.04	9				230	×	○	△	산에 약함
동물성	모시		180~400	52			0.63							
	양모	1.32	24~54	100	0.35	16	0.37			150	△	×	×	
재생	견	1.30	76~117	92	0.68	9	0.44			150				염기에
	레이온	1.52	48~68	82	0.21	12	0.58			180	×		○	약함
합성	아세테이트	1.32	26~41	94	0.24	6.5		184	260	130	×			
	나일론 6	1.14	15~30	100	0.84	4	0.38	171	215	150	△	×		
	나일론 66							204~254	255	200				정전기,
	아크릴	1.17	40~60	90	0.53	1~25		149	163	120	×	×	◎	보푸라기
	폴리에스터	1.38	50~100	97	0.60	0.4	0.36	235	235	150	×			많음
	스판									149	△	◎		
	pp	0.91	45~100		0.22									

표를 보는 방법:

위 표에서 탄성률과 인장 강도의 단위는 g/d나 N/Tex로 표시하는데, 여기서는 g/d로 표시하였다. 인장 강도란 길이 방향으로 잡아당길 때 끊어지지 않는 강도이다. d는 데니아(denia)로서 9000m의 실을 무게 g수로 표시한 실의 굵기 단위이다. 탄성 회복률(%)은 신장시켰을 때 전체 변형 길이에 대한 회복된 변형 길이의 백분율이다. 흡습성이 작으면 세탁한 후 건조가 잘 되고, 형태 안정성이 좋아서 관리가 쉽지만, 정전기가 많이 생긴다. 난연성은 ×표는 잘 타는 섬유, △표는 불꽃에서는 타지만 불꽃 밖에서는 힘들게 타는 섬유, ○표는 불에 잘 타지 않는 섬유이다.

섬유는 모두 고분자!

길게 실처럼 만들 수 있는 물질은 모두 고분자라는 구조를 가지고 있다. 고분자(polymer)는 분자 몇 개가 모여서 된 분자가 따로따로 알갱이처럼 존재하지 않고, 서로 연결되어 실과 같이 긴 사슬 구조를 하고 있는 분자를 말하는데, 그 분자량이 크기 때문에 고분자라고 한다. 유리와 금속도 길게 실처럼 만들 수 있는데 유기 고분자(탄소를 바탕으로 하는 물질)로 분류되지는 않지만, 고분자와 같은 거동을 보이는 물질들이다.

환상의 스타킹

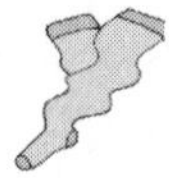

1939년 2월 18일 샌프란시스코의 골든 게이트 세계 박람회장(Golden Gate International Exposition)에 듀퐁(Du Pont de Nemours) 사가 나일론 스타킹을 처음 선보이며 돌풍을 일으켰다. 신문에 이미 "물과 공기와 석탄으로 만든 강철보다 질기고 비단보다 가벼운 환상의 섬유"라고 대대적으로 선전했던 스타킹이, 1940년 5월 15일 발매를 개시하자 새벽부터 매장 앞에 기다리던 여성들이 달려들어 4일간 4백만 켤레의 기록적인 판매로 세상을 놀라게 했다. 나일론은 낙하산 원료로 쓰이는데, 제2차 세계대전 중 미국 여성들이 국가에 스타킹을 바치며 애국심을 과시하기도 하였다고 한다. 또한 양말, 옷, 붓, 낚싯줄, 식탁보, 그물, 테니스 라켓, 재봉실, 타이어 강화 섬유, 밧줄, 끓는 물에 넣는 포장 필름, 돛, 톱니 바퀴, 기계 부품, 호스, 빗, 지퍼, 플라스틱 경첩, 주사기 등과 같이 아주 널리 쓰인다.

나일론의 이름:
나일론은 듀퐁사의 상품명이지만 지금은 카르복실산과 아민의 중합체(고분자)를 간편하게 나타내는 이름으로 널리 쓰인다. 즉, 지방족 폴리아미드를 나타낸다. 나일론 뒤에 숫자를 하나 또는 두 개를 붙여서 나일론의 종류를 나타내는데, 그 숫자는 나일론의 구조에 포함된 지방족 사슬의 탄소수를 뜻한다. 숫자가 하나인 나일론6은 아미드(-NH-CO-) 구조 사이에 탄화수소 사슬(-CH_2)이 다섯 개 들어 있다는 뜻이다. 숫자가 둘일 때 앞의 숫자는 아민의 탄소수이고 뒤의 숫자는 카르복시기의 탄소수이다. 나일론610("육백십"이 아니라 "육-십")은 아민(-NH- - - -NH-) 사이에 들어간 탄소수가 6이란 뜻이고, 뒤의 숫자 10은 카르복시기(-CO- - - -CO-) 구조 사이에 탄화수소 사슬 8개가 교대로 들어 있다는 뜻이다. 이 숫자가 클수록 지방족 사슬의 길이가 길다는 뜻이므로 섬유는 부드러워진다.

혼방은 싸구려?

면과 레이욘은 다른 섬유와 혼방하여 흡습성과 촉감을 좋게 하고, 정전기를 줄이며, 염색성을 좋게 하고, 가격을 낮추어 준다. 아크릴 섬유는 가벼우면서 따뜻하고 부드럽게 해 준다. 나일론은 강도를 주며, 폴리에스터는 빨래가 잘 되고 잘 닳지 않으며, 주름이 잘 가지 않게 하고, 치수 안정성을 향상시킨다. 아세테이트는 옷의 질감을 좋게 하며, 잘 펼쳐지게 한다. 이와 같이 혼방이 무조건 싼 것만은 아니다. 혼방이 많이 쓰이는 이유는 원재료의 가격을 낮추는 역할도 하지만, 혼방에 의하여 물성이 좋아지기 때문이다. 보통 혼방은 값이 더 싸고 더 질기며, 세탁이 더 잘 되고, 주름이 덜 가는 좋은 경우가 많다. 그래서 값이 대단히 비싼 고급 양복지는 대개 혼방으로 되어 있다.

가죽 처리 약품은 과일 주스나 차의 주성분

가죽과 같이 모든 동물 피부는 콜라겐(collagen)이라는 단백질로 되어 있는데, 이것이 강도를 지탱해 준다. 이 콜라겐은 빈틈이 많은 구조여서 부드럽기는 하지만, 쉽게 상하는 위험이 있어서 탄닝(tanning) 공정에 의해 안정화시킨다. 가죽을 산 용액에 담그면 극성 저밀도 콜라겐 부분이 팽윤하여 식물성 탄닌이 침투해 틈을 메꾸어 주므로, 세균의 침투를 막아주고, 더 강해지며 물에 젖지 않게 된다. 다시 가죽을 알칼리 용액에 담그고 크로뮴 수화물[chromium(III) hydroxide]로 처리하면 가교 결합이 일어나 수분 침투와 열에 더 강해진다. 수분이 침투하지 못하도록 마지막으로 왁스를 먹인다. 화학 탄닝도 하는데, 포르말린(formaldehyde)과 여러 가지 페놀류(naphthalen sulfonic acid, sulfonated phenol, diaryl sulfone, urea, melamine, dicyanodiamine)들을 반응시키기도 한다. 이 화학적 탄닝이 전래의 식물성 탄닝 과정을 전부 또는 일부 대체한다.

천연 가죽은 독특한 냄새가 나고, 전체적으로 무늬나 결이 균일하며, 털구멍이 작고 부드러운 것이 좋은 것이다. 가죽은 물에 약하므로 눈이나 비를 맞지 않게 하고, 맞았으면 빨리 마른 헝겊으로 닦아내야 한다. 직사 광선이나 난로 가까이에서 말리면 안 된다.

콜라겐(collagen):
글리신(glycine), 프롤린(proline), 히드록시프롤린(3-hydroxyproline) 구조의 아미노산이 반쯤 차지하고, 나머지는 글루타민(glutamine), 아르지닌(arginine), 아스파라긴(asparagine)과 그 밖의 여러 아미노산의 복합체인 단백질이다.

탄닌산(tannic acid):
오크(oak)나무 껍질(bark)을 탄박(tan, tanbark)이라고 하는 데에서 탄닌산이라는 이름이 유래되었다. 탄닌산은 많은 과일에 함유되어 있고, 차의 떫은 맛도 이 탄닌산이 주원인이다. 식물성 탄닌은 분자량 500-3000의 수용성 폴리페놀(polyphenol)이다. 왓나무, 망그로브, 오크, 유칼리, 소나무, 버드나무, 밤나무, 포프라, 케브라쵸 등에서 얻는다.

Part 8

생활용품 코너

그릇이나 여러 가지 가정용 도구들은 도자기, 금속, 유리, 플라스틱 등의 재료를 사용한다. 같은 그릇이라도 사용 재료에 따라 성질과 사용법이 다르다. 용도에 따라 맞는 재료를 선택해야 한다.

식품 포장 랩

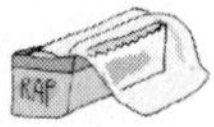

중국음식점에서 음식을 배달시키면 따끈한 음식에 얇은 비닐을 덮어서 가지고 오는 것을 볼 수 있다. 이때 사용하는 것이 식품 포장용 점착 필름인 랩인데, 보통 PVC 랩을 많이 쓰고 있다.

그런데 이 PVC 랩에 발암 물질인 VCM(vinyl chloride monomer) 검출 가능성이 있는 것으로 알려져, 논란이 되고 있다. VCM이란 PVC라는 고분자를 만드는 원료(염화비닐 단량체)인데, 고분자인 PVC는 안정하지만, 높은 온도에 장기간 두면 어느 정도의 VCM이 플라스틱 밖으로 용출되어 나올 수 있다. PVC는 원래 잘 붙는 성질이 있으며, 부드럽게 하기 위해 가소제가 첨가되고, 기타 안정제가 첨가물로 쓰인다. 이 첨가물들도 저분자 물질로서 상황과 시간에 따라서 다소간의 방출이 있을 수 있다.

가소제는 인체에 유해하며, 특히 기름기가 많은 음식에 닿으면 바로 흡수된다. 더욱이 실온에서 식품에 닿으면 냉동·냉장 상태보다 더 잘 유출된다는 것이 전문가들의 견해이다. 이러한 PVC 랩 대신에 PE을 이용한 랩 필름이 시중에 판매되고 있다. 그러나 PE 랩은 점착성이 나빠서 잘 들러붙지 않아 밀폐성이 떨어지는 문제가 있다. PVC는 잘 붙고 값이 싸지만 유해한 성분을 포함하며, PE 랩은 유해 성분은 없으나 잘 붙지 않는다. 이 두 문제를 모두 해결한 것이 EVA를 이용한 랩이다. 대개 PE와 EVA를 결합시킨 제품을 사용한다. 랩을 살 때는 재질을 잘 보고 확인하는 것이 좋다.

사진 필름에는 은이 들어 있다

1727년에 쉴즈(J. H. Schulze)는 질산은이 빛에 노출되면 검게 된다는 것을 발견했다. 이를 이용하여 1826년 프랑스의 니세포르 니에프스(Nicéphore Niepce)가 염화은을 역청과 함께 유리판에 입혀서 사진을 얻는 방법을 발표했다. 1839년 니에프스의 동료인 루이 자크 만데 다게르(Louis-Jacques Mandé Daguerre)가 상업적인 사진술을 발표하였다. 2년 뒤 윌헬름 앙리 폭스 탈보(William Henry Fox Talbot)가 현대적인 사진 현상술을 확립하여 사진술로는 최초의 특허를 얻었다. 1871년 마독스(R. L. Maddox)는 젤라틴 유액을 유리판에 도포하는 방법을 발명했고, 1880년 조지 이스트만(George Eastman)은 젤라틴 유액을 플라스틱(nitrocellulose) 필름에 도포하여 현재의 롤 필름을 발명하였다.

1861년 영국의 제임스 맥스웰(James C. Maxwell)은 세 개의 원색 여과기로 촬영하고, 각각 현상하고 합성하여 천연색 사진을 만들었다. RGB(red, green, blue)의 삼원색으로 촬영하여 얻은 음화(negative) 원판으로 현상하여, YMC(yellow, magenta, cyan)의 감색법으로 세 양화(positive) 층을 겹쳐서 천연색 사진을 재현했다.

할로겐화은은 젤라틴에 분산되어 셀룰로이드 필름에 도포되어 있다. 빛에 노출되면 할로겐화은이 분해되어 은이 이온화되고, 현상 과정에서 환원되어 은이 유리되고 검게 된다. 빛에 노출되지 않은 부분에서 할로겐화은은 그대로 있다가 정착액에 의해 제거된다.

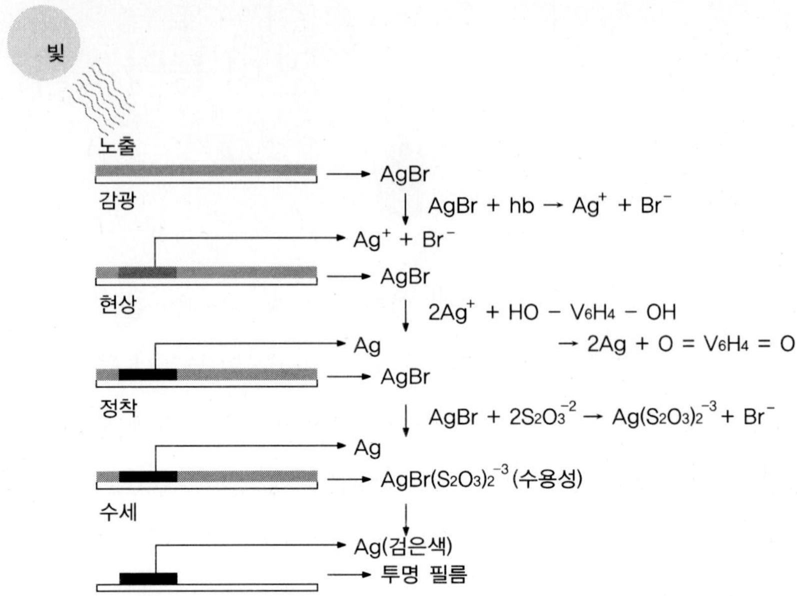

그림 8-1 음화 원판 만드는 과정

물먹는 하마

바로 먹을 수 있게 포장된 김이나 약병을 보면 방습제가 든 작은 종이가 들어 있다. 그렇다면 물먹는 하마 같이 여름에 쓰이는 건조제는 어떤 성분으로 되어 있을까? 일반적으로 방습제나 건조제는 습기를 흡착하는 작은 구멍이 많은 다공질체를 사용하는 경우도 있고, 화학적으로 수분과 결합하는 반응식도 있다. 다공질체로는 보통 실리카겔이나 활성탄을 사용하며, 무수연화칼슘 같은 물질도 사용하는데, 이 둘을 조합한 제품도 나와 있다.

도기와 자기는 다른가?

도기와 자기는 그렇게 확실한 구분은 아니지만, 일반적으로 도기에 비해 자기가 순도 높은 원료를 사용하고, 더 높은 온도에서 소결하며, 구조가 잘 유리화되어 있어 더 치밀하므로 반질반질하고, 흡수성이 없으며, 강도도 더 크다. 도기는 토기와 같이 저급품과 구별되며, 자기는 연질 자기와 경질 자기로 나눈다. 자기는 최소한 1200도 이상에서 소결하여 만든다.

도자기의 성분:
도자기는 일반 세라믹인데, 보통 세 가지의 주요 성분으로 구성되어 있다. 첫 번째는 점토(clay)인데, 수화 규산 알루미늄($Al_2O_3 \cdot SiO_2 \cdot H_2O$)에 소량의 TiO_2, Fe_2O_3, MgO, CaO, Na_2O, K_2O 등이 포함되어 있다. 점토는 소결로 경화하기 전에 가공성을 좋게 해주는 성분을 첨가한다. 두 번째 성분인 규석은 석영(silica: SiO_2)이라고도 부르는데, 매우 높은 온도까지 녹지 않으며, 세라믹의 기본 성분이다. 이 성분 때문에 세라믹을 내화 재료로 사용하고 건축과 공업 용도로 널리 쓴다. 세 번째 성분은 장석이라고 하며, 기본 성분은 $K_2O \cdot Al_2O_3 \cdot 6SiO_2$이다. 낮은 온도에서 녹으며 소결하는 과정에서 유리화하여 다른 성분들의 틈새를 메우고 결합시켜 단단한 경화를 이루게 해 주는 성분이다. 건축용 벽돌이나 타일 등은 모두 천연 점토로 만드는 일반 세라믹이다. 공업용 또는 특수 세라믹은 알루미나(Al_2O_3), 지르코니아(ZrO_2), 탄화규소(silicon carbide: SiC), 질화규소(Si_3N_4) 등이 있으며, 여러 가지 특성을 이용하여 반도체, 전기 전자 부품, 센서 부품, 기타 내화 부품 등에 널리 쓴다.

크리스탈은 일반 유리와 어떻게 다른가?

유리는 SiO_2가 주성분으로 상당한 강도도 있으면서 투명하고, 전기가 안 통하며, 표면이 단단해 항상 반짝반짝한 면을 유지하는 등의 장점이 많아 매력적인 소재이다. 우리가 보통 쓰는 유리는 소다석회 유리라는 것인데, NaO_2와 CaO가 10~14%씩 포함된 유리로서 가장 값이 싼 유리이다. 보통 크리스탈이라고 부르는 석영 유리는 거의 순수한 SiO_2로서 유리 중 가장 강하고, 빛의 굴절이 아름답지만 가공하기가 어려워 값이 비싸다. 석영 유리보다는 못해도 일반(소다석회) 유리보다는 훨씬 강한 파이렉스(pyrex) 유리는 붕규산(B_2O_3)을 13% 정도 넣어서 만든 유리로서, 강도와 내열성이 좋고, 열에 의한 팽창률이 적어서 실험 기기에 많이 쓴다. 판유리는 용융 주석 위에 유리 녹은 물을 부어 만든다. 유리병은 바람을 불어넣어서 만든 경우가 많은데, 잘 보면 겉은 금형 틀에 의해 어떤 글이나 도안도 넣고 일정한 형태로 되어 있지만, 안쪽은 불규칙하고 심지어 두께가 일정하지 않은 경우가 많다. 이것은 바람을 불어넣어 만드는 병 제조법에 그 원인이 있다.

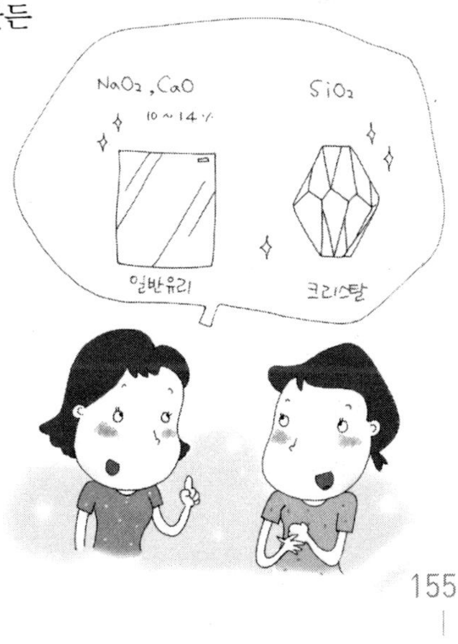

왜 금속은 전기가 잘 통할까?

아마도 원시 인간이 가장 처음 발견하고 사용한 금속은 금이었을 것이다. 금은 자연계에서 유리된 상태로 존재할 뿐만 아니라 찬란한 광택이 있기 때문이다. 그러나 너무 물러서 대부분 장식에 사용되었다. 그러다 우연한 사건들에 의해 청동과 철이 발견되어 문명의 발전을 주도하였다. 금속은 왜 광택이 날까? 금속은 왜 전기가 잘 통할까? 금속은 왜 나무나 도자기처럼 깨지지 않으면서 굽혀지기 쉬울까?

이런 질문을 이해하려면 원자의 구조를 알아야 한다. 러더포드(Ernest Rutherford, 1871~1937)라는 물리학자는 두께 10만분의 5 센티밖에 안 되는 매우 얇은 금박을 만들어서 전자기선(알파 입자)을 쏘였더니 대부분의 입자가 금박을 그대로 통과하였고, 10만 개 중의 하나 정도는 반사되어 나온다는 것을 발견하였다. 이 실험으로부터 원자의 구조는 속이 빈 원형이고, 무게가 있는 원자핵은 그 중심에 아주 작게 위치한다고 결론지었다. 원자 전체의 크기를 축구장이라고 한다면 원자 전체의 무게를 차지하는 원자

핵은 탁구공 만한 것이 축구장 가운데 있고, 나머지는 거의 빈 상태라고 할 수 있다. 그러므로 대부분의 알파선이 무사 통과한 것이고, 아주 가벼운 전자가 나머지 축구장을 돌아다니고 있는 셈이다.

금속 원자는 가장 바깥의 트랙에 도는 전자의 수가 적은 것, 즉 빈 공간이 많다는 것이 특징인데, 그래서 이 전자들이 잘 떨어져 나가고 옆에 있는 다른 원자의 빈 공간에 쉽게 갈 수가 있다. 이런 전자를 자유 전자라고 하는데, 이것이 금속의 광택과 전기전도성의 원인이 된다. 전기가 흐른다는 말은 전자가 이동한다는 말이다.

금속 원자들은 비교적 일정하게 쌓여 있는데, 이것을 결정 격자라고 한다. 이런 규칙적인 배열은 바깥의 힘에 의해 엇갈려 미끄러지기 쉬운데 이것이 바로 금속이 변형이 잘 되는 원인이다.

대부분의 금속은 자연계에 화합물로서 존재한다. 예를 들어, 금속의 왕이라고 할 수 있는 철은 산화물(산소와 철의 화합물) 또는 황화물(황과 철의 화합물)인 철광석을 제련하여 순수한 철을 얻는다. 제련이란 높은 온도에서 철광석을 녹여서 순수한 철만을 분리해 내는 기술이다.

양은 냄비와 놋그릇은 같은 걸까?

방송에서 라면의 달인이 라면을 맛있게 끓이는 방법을 조언하였는데 양은 냄비에 끓이라고 한 적이 있다. 얇고 열전도가 좋다는 것이 그 이유다. 양은은 영어로 독일은(german silver)이지만, 은과는 아무 관련이 없다. 양은은 니켈을 16~20% 정도, 아연을 15~35% 정도 함유시킨 구리합금으로 탄성이 좋아 스프링이나 바이메탈을 만드는 데 쓰이고, 은백색의 색이 아름다워 그릇이나 장식물로도 사용된다.

상도라는 드라마를 보면 방짜유기가 나오는데, 유기란 청동(bronze)을 말하며, 질 좋은 유기 그릇 바닥에 방(方)자가 써 있어서 좋은 유기를 방짜유기라고 부르게 되었다. 아마 당시 좋은 유기를 만드는 사람의 성이 방씨였던 모양이다. 유기, 즉 청동은 구리의 합금인 청동, 황동, 양은 중에서 가장 먼저 사용되었고, 구리에 주석을 7~40% 가량 섞은 합금으로 주석의 함량이 높아질수록 연성은 떨어지고 강도는 증가한다.

황동(brass)은 아연(zinc)을 25~35% 함유한 합금으로, 색은 아름다운 황금색이고, 노리개나 장식재를 만드는 데 많이 쓰인다. 놋쇠라고 하면 사전에는 황동이라고 되어 있지만, 보통 우리나라에서 놋그릇이라고 하는 것은 사실 청동이다. 청동도 주석의 함량이 적으면 노란 빛이 나고 모두 누렇게 보인다는 뜻에서 놋쇠라고 부른다.

철가방은 함석일까 양철일까?

양철과 함석은 같은 것인가? 다르면 어떻게 다를까? 양철은 영어로 tin(주석)이라고 부르듯이 철이 녹스는 것을 방지하기 위해 철 표면에 잘 녹슬지 않는 주석을 입힌 것이다. 그러나 표면의 주석이 벗겨지면 더 쉽게 녹이 스는 단점이 있다. 함석은 영어로 zinc(아연)라고 부른다. 즉, 철보다 더 빨리 부식되는 아연으로 덮어서 철의 부식을 막고, 양철보다 더 두껍게 도금되므로 강도도 더 좋다. 중국집의 철가방은 함석이다. 1958년에 상영된 양철지붕 위의 고양이(Cat on a hot tin roof)는 뻘겋게 녹이 슨 양철 위에서 주석을 원망하고 있을 것이다.

의천도룡기의 명검은 진짜 있었을까?

다른 칼과 부딪치면 여지없이 상대 칼을 부숴버리는 명검 의천검과 도룡도는 진짜 있었을까? 옛날 철로 칼을 만들다가 우연히 가마의 재(탄소)가 묻어 들어가 탄소강이 만들어지면서 강도가 엄청 좋은 명검이 만들어졌을 것이다. 탄소가 0.05~2% 정도 들어가면 강도가 현격히 좋아진다. 철을 보호하므로 녹이 슬지 않는 스텐리스가 된다. 흔히들 '스텐 밥공기' 라는 말을 쓰는데, 사실 스텐(stain)은 '녹' 이란 뜻으로 스텐리스(stainless)와는 반대의 뜻을 가지고 있어 '스텐리스 밥공기' 가 적절한 표현이지만, 스텐리스를 줄여 쓴 표현으로 많이 쓰고 있다. 그런데 조금 다른 얘기로 검(儉)과 도(刀)는 같은 걸까? 왜 의천도, 도룡검이 아니고 의천검, 도룡도일까? 도는 양날을 가져서 찌르는데 쓰는 칼이고, 검은 외날을 가진 베는 데 쓰는 칼이다. 과검이 아니고 과도인 까닭도 여기에 있다.

쇠가 녹스는 산화 반응:
공기 중의 산소와 수분에 의해 산화되어 산화철 수화물이 되며, 이것이 붉은 녹의 주성분이다.

$$2Fe \xrightarrow[\text{산화}]{O_2,\ H_2O} Fe_2O_3 \cdot 3H_2O$$

캐스트 아이언과 포지드 아이언

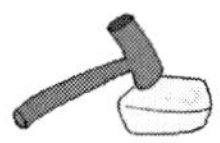

금속을 우리가 사용하는 제품으로 만들기 위해서는 가공을 해야 하는데, 가장 많이 쓰이는 방법이 주조(cast)이다. 높은 온도로 녹여서 액체 상태로 만든 금속을 틀에 부어 식히는 방법이다. 옛날 대장간에서는 쇠를 빨갛게 달구고 망치로 여러 번 쳐서 칼도 만들고 호미도 만들었다. 이것을 단조(forge)라고 하는데, 골프채도 이렇게 만들면 더 강하며 더 비싸다. 이에 비해 주조하면 쉽게 대량생산을 할 수 있으므로 값을 싸게 할 수 있다. 철판은 열을 가하면서 돌로 만든 롤 사이에 끼어 넣고 눌러서 만드는데, 이것을 압연(rollimg)이라고 한다.

알루미늄값은 전기값

근래 많이 쓰이는 금속이 알루미늄인데, 가볍고 녹이 슬지 않으며, 독성이 없고, 가격도 싸기 때문에 각광을 받는다. 알루미늄은 순수하게 얻는 방법이 발견되지 못하여 오랫동안 값이 비싸서 잘 사용되지 않았으나, 전기 분해법이 발견되고부터 음료 캔에서 창문 샤시까지 아주 폭넓게 사용되고 있다. 알루미늄을 생산하는 방법이 전기 분해이기 때문에 알루미늄을 생산하는 공장은 전기를 대량으로 사용하게 된다.

$$\underset{\text{보크사이트 (알루미늄 원광석)}}{Al_2O_3 \cdot 2H_2O} + \underset{\text{빙정석}}{Na_3AlF_6} + \underset{\text{형석}}{CaF_2} \xrightarrow[1000℃]{\text{용해}} \text{전기분해} \begin{cases} \rightarrow Al(\text{음극}) \\ \rightarrow O_2(\text{양극}) \end{cases}$$

플라스틱이란 무엇인가?

플라스틱을 지칭하는 낱말은 여러 가지가 있다. 표 8-1에 그 낱말들을 정리하였다. 그러나 현실적으로는 이 낱말을 거의 구별 없이 사용한다. 원래 플라스틱이라는 말은 열적으로 플라스틱한 성질(열가소성)이 있는 물질이란 뜻인데, 여기서 열가소성이란 무엇인가?

열을 가하면 녹아서 마음대로 그 형태를 변화시킬 수 있고, 그대로 식히면 변화시킨 형태가 유지되며, 다시 열을 가하여 녹이면 다시 변형시킬 수 있는 성질이다. 이 성질은 매우 중요한 성질로서 플라스틱이 모든 재료의 왕이 된 핵심적 성질이다. 이 성질에 의하여 플라스틱을 아주 쉽게 싼값으로 가공 · 성형할 수 있다.

표 8-1 플라스틱의 별명들

우리말	영어	본래의 뜻
고분자	macromolecule	거대 분자량의 물질
중합체	polymer	단량체(monomer)가 중합한 것
(합성)수지	resin	송진 등 천연 수지에서 파생한 말
플라스틱	plastics	열가소성을 갖는 물질

소재의 발전은 플라스틱으로 대체하는 것

소재를 지배하는 자가 세계를 지배한다는 말이 있다. 선진부국을 이루는 길은 과학기술과 산업발전에 의해 가능하며, 이것의 기초는 소재 기술이다. 다른 기술보다 소재 기술은 연구자의 경험과 비밀스러운 노하우가 중요한 경우가 많아 기술이전이 간단하지 않다. 기술의 원료, 즉 소재 전쟁이 이제 시작되었다. 신소재에 대한 많은 정보를 갖게 되면 생활과 산업에 무한한 가능성을 줄 수 있을 것이다.

표 8-2 **소재의 발전**

	원시 천연 재료	전통 산업 재료	신소재
고분자	나무, 종이, 가죽, 비단	수지, 고무, 합성섬유	엔프라, 복합 재료, 파인폴리마
세라믹	돌, 흙, 모래	벽돌, 도기, 자기, 유리	파인세라믹
금 속	금, 은, 구리, 청동, 쇠	알루미늄, 강철, 합금	신합금

표 8-3 **소재의 2대 요소 물성**

	요소 물성	용도
구조용 소재	강도(인장, 압축, 충격, 표면), 경량, 내열성, 탄성, 가공성, 가격	섬유, 가구 건축재, 고무, 가전품, 자동차, 조선, 항공 재료
기능성 소재	전자특성, 분리기능, 광특성, 자성, 생체친화성	반도체, 전자, 광통신, 센서, 분리막, 의료용

신소재와 구별하여 전통 재료라 하면 돌, 흙, 유리 등의 세라믹 재료, 금, 은, 구리, 청동, 쇠 등의 금속 재료, 종이, 나무, 가죽 등의 천연 고분자 재료 등으로 구분한다. 신소재도 고분자 재료, 세라믹 재료, 금속 재료로 나눌 수 있다. 이용되는 특성에 따라 구조용 소재와 기능성 소재로 나눌 수도 있다.

각 소재마다 그 특성이 다르다. 3대 재료와 전통적으로 많이 써온 나무(역시 고분자이기는 하지만)의 물성과 특징을 비교해 보았다. 물론 각 특성은 일반적인 범용 재료들의 비교이다. 플라스틱은 내열성을 제외한 전 부분에서 최고의 장점을 가지고 있다.

표 8-4 각 소재의 비교

	가격	무게	가공성	외관	촉감	내후성	독성	절연성	보온성	투명성	재생성	내열성	강도				
													표면	인장	압축	충격	탄성
금속	×	×	△	○	△	△	×	×	×	×	◎	○	◎	◎	△	◎	◎
세라믹	△	△	×	×	×	○	○	◎	◎	×	○	◎	○	△	◎	×	◎
나무	△	◎	×	△	○	×	◎	◎	◎	×	×	×	×	×	×	×	×
플라스틱	◎	◎	◎	◎	◎	◎	○	◎	◎	◎	○	×	×	△	×	△	×

※ ◎ 아주 양호, ○ 양호, △ 중간, × 나쁨

어떤 플라스틱들이 있는가?

플라스틱은 종류가 매우 많으나 우리가 생활 주변에서 많이 볼 수 있는 플라스틱은 한정되어 있다. 값싸고 널리 쓰는 플라스틱을 범용 플라스틱이라고 하는데, 폴리에틸렌, 폴리프로필렌, 염화 비닐 수지, 스티렌 수지가 그것이다. 이들 네 가지가 전체 플라스틱 사용량의 60% 이상을 차지한다. 그밖에 꽤 많이 들어본 것으로서 PET, 나일론, 폴리에스터 등은 엔지니어링 플라스틱이라고 하며, 강도와 내열성이 더 좋고 값이 비싸며, 공업용으로 중요하게 사용한다.

이들은 모두 열가소성이지만, 또 다른 종류로서 열경화성 플라스틱이 있다. 열경화성은 공장의 생산 단계에서 한 번 경화시킨 것인데, 그 후에는 다시 열을 가해 녹일 수 없는 아주 단단한 고강도 내열성 고분자이다. 전기 부품, 기계 부품 등 고강도나 내열성이 필요한 곳에 많이 쓴다. 에폭시, 페놀 수지 등이 이것이다. 그밖에 테프론(불소 수지), 실리콘(규소 수지) 등의 특수 고분자가 있으며, 섬유 강화 수지(FRP, fiber reinforced plastics)는 고분자를 근간으로 섬유를 보강재로 넣어서 만든 복합 재료(composite)로서, 강도가 매우 뛰어나 소형 배, 비행기, 로켓트나 우주선, 전자 부품, 기계 부품, 전자 회로 기판, 욕조 등의 건축재 등으로 널리 쓴다.

천연 고분자도 매우 많은데, 나무는 셀룰로즈라는 구조를 기본으로 하며, 곡식이나 채소들은 아밀로즈 같은 다당류를 기본 구조로 하는 고분자이다. 우리 인간을 포함하여 동물들의 몸은 단백질이라는 폴리펩티드 구조의 고분자이다. 이렇게 보면 우리 인간은 고분자(인체)로 태어나서, 고분자(곡식과 고기)를 먹고, 고분자(옷감, 가죽)를 입고, 고분자(타이어)를 타고 다니며, 고분자(가방, 의자 등)를 이용하고 살다가, 고분자(관)에 넣어져 죽는다고 할 수 있을 정도로 고분자는 우리 생활 그 자체이다.

플라스틱은 어디에 얼마나 쓰이는가?

플라스틱은 우리 생활에 직결되어 있는 수없이 많은 분야에 쓰일 뿐 아니라, 첨단 산업과 과학 분야에서도 그 진가를 발휘하고 있어서 지금 우리의 문화는 플라스틱을 빼고는 별로 남을 것이 없을 정도이다. 다음 표는 플라스틱 용도의 아세안 2004년 통계이다.

플라스틱의 생산량은 매년 괄목할 만한 성장을 거듭해 왔다. 1994년에 제조된 플라스틱의 양은 360억 달러 어치나 만들어져서 800억 달러 상당의 생산품으로 판매되었다. 1976년에 이미 플라스틱의 생산량은 강철, 구리, 알루미늄을 합한 양보다 더 많은 양이 생산되었다.

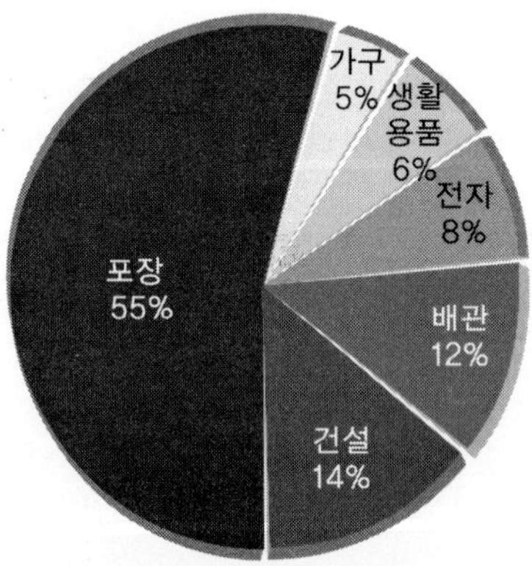

표 8-5 플라스틱의 용도(아세안 2004년 통계)

플라스틱의 황제 폴리에틸렌

가장 구조가 간단하고 많이 쓰며, 가장 값싸고 오래 변하지 않으며, 아주 강하고, 촉감 좋고, 만들기 쉬운 고분자가 바로 폴리에틸렌(PE, polyethylene)이다. 고분자의 왕, 아니 재료의 왕이라고 할 수 있다.

열에는 약하여 50도에서 벌써 연화되고, 120도면 완전 액체가 된다. 저밀도(low density PE)와 고밀도(high density PE)가 있다. LDPE는 부드럽고 약하며, HDPE는 단단하고 열에 조금 더 강하다. 일회용품, 비닐 봉지, 전기 제품 케이스, 필름, 비닐 병이나 용기 등 매우 널리 쓰인다.

폴리에틸렌(polyethylene)의 구조

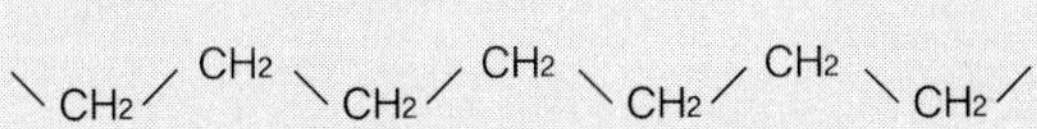

경첩이 필요 없는 플라스틱 필통

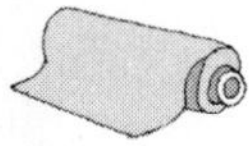

문방구에서 필통을 보면 뚜껑에 아무런 경첩이 달려 있지도 않은데 뚜껑이 떨어져 나가지도 않고 여닫이가 자유로운 플라스틱 필통들이 있다. 이것은 플라스틱의 힌지라는 특성을 이용한 것이다. 힌지 특성이 좋은 플라스틱 중에 폴리프로필렌(PP, polypropylene)은 폴리에틸렌(PE)과 외관과 성질이 비슷하나 더 딱딱하다. 질기고 힌지(경첩) 특성이 있어서 장난감이나 학용품의 뚜껑 일체형 케이스에 많이 쓴다. 저온에서 충격을 받으면 잘 깨진다. 전기 및 고주파 특성이 좋아서 절연체나 콘덴서에도 쓴다. 약품 용기나 파이프 등으로, 또 섬유로도 쓴다.

폴리프로필렌(PP)의 구조

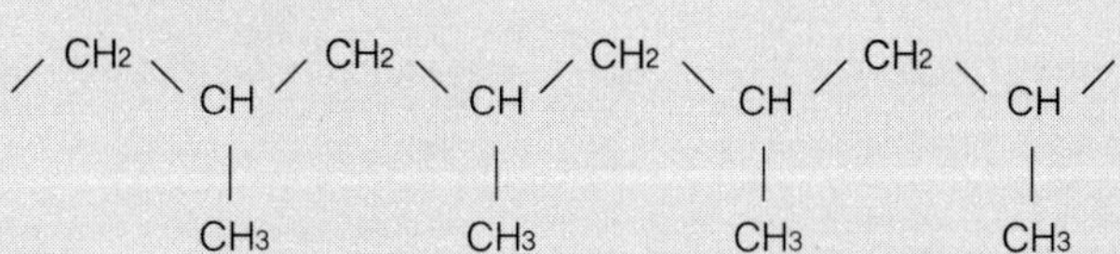

장난감 망원경 렌즈와 스티로폼은 같은 재료

폴리스티렌(PS, polystyrene)은 광택이 나고 투명하며, 값이 싸고 강해서 생활용품, 사무용품, 일회용 컵, 용기, 칫솔대, 완구, 파이프, 전기용품 등 그 사용 영역이 아주 넓다. 액상 라텍스는 도료로 쓰기도 하며, 발포체는 스티로폼이라고 하여 보온, 방음 재료로 건축이나 공업용 또는 포장용으로 많이 쓰고 있다. 한 가지 단점은 충격을 받으면 잘 깨지는 성질이 있다. 이 단점을 개선한 것이 HIPS(High Impact PS)인데, 우리가 쓰는 대부분의 전자제품 하우징이 이것으로 되어 있다. 컴퓨터, 모니터, 키보드, 텔레비전 등이 HIPS의 강도와 미려한 외관을 활용한 제품들이다.

폴리스티렌(PS)의 구조

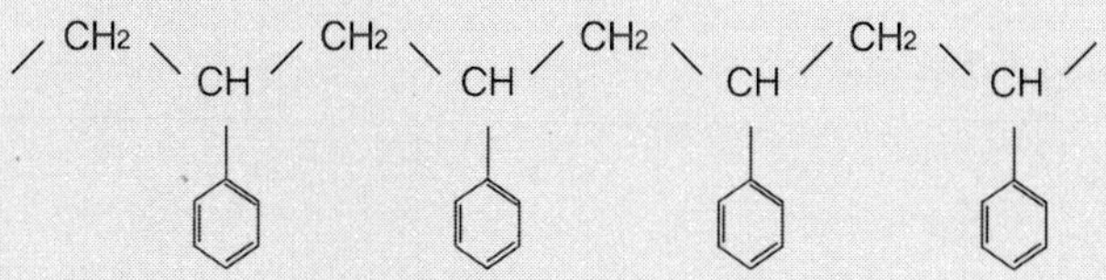

딱딱하게도 부드럽게도 만들 수 있는 PVC

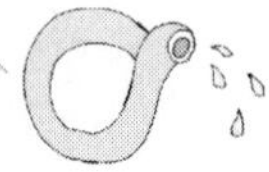

poly(vinyl chloride), 즉 PVC는 연질과 경질이 있다. PVC 자체는 경질이고 단단하며, 투명하고 불이 잘 붙지 않는 성질이 있어서 건축용으로 많이 쓴다. PVC에 가소제를 넣으면 부드러워지는데, 이것이 연질 PVC이다. 경질은 상하수도관, 빗물 홈통 등으로 사용하고, 연질은 호스, 장판, 인조 가죽, 완구 등에 사용한다. 그런데 연질화할 때 들어가는 가소제가 저분자 물질이므로 높은 온도에 장기간 두면 가소제가 조금씩 밖으로 나온다고 알려져 있고, 이 물질이 인체에 유해하다고 알려져서 지금은 그 사용을 억제하고 있다. 옛날에는 이 연질 PVC로 식품 포장용 랩을 만들었으나 지금은 상당수 PE 랩으로 대치되었다.

염화비닐 수지의 구조

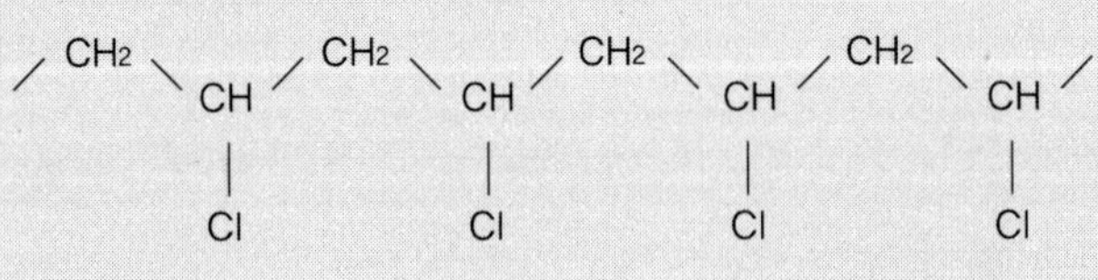

폴리에스터 스웨터와 페트병

옷감에서 많이 볼 수 있는 폴리에스터는 강도와 내열성이 높고, 탄성이 좋아서 필름과 섬유로 많이 사용한다. 150도 이상의 온도에서 연화되므로 내열성이 매우 높은 수지이다. 청량음료 병으로 요즘 PET[poly(ethylene terephthalate)]를 많이 쓰는데, 이것이 대표적인 폴리에스터이다. 얇고 가벼우나 강도가 매우 높아서 탄산가스를 함유한 음료의 가스 압력을 견딘다.

불포화 폴리에스터라는 말도 있는데, 일반 폴리에스터가 열가소성 플라스틱인데 반하여, 불포화 폴리에스터는 열경화성 플라스틱이다. 일반

인이 호마이카라고 하는 것도 이것이다. 불포화 폴리에스터에는 반응성이 높은 탄소 이중 결합(-CH=CH-)이 들어 있어서 적당한 촉매와 함께 열을 가하면, 가교(다리) 반응을 해서 단순한 사슬형 고분자가 아닌 입체적인 그물형 고분자가 되어 매우 강한 물질이 된다. 이렇게 경화하는 과정에 유리 섬유를 넣어 주면 극히 강한 FRP(유리섬유 강화복합재료)가 되어 많은 산업적 용도를 갖게 된다. 학교에서 사용하는 플라스틱 의자, 가정에서 사용하는 욕조, 물탱크, 100톤 이하의 선박, 전기, 기계 부품, 헬멧, 연료 탱크, 파이프, 도료 등 그 응용이 대단히 많다.

PET의 구조

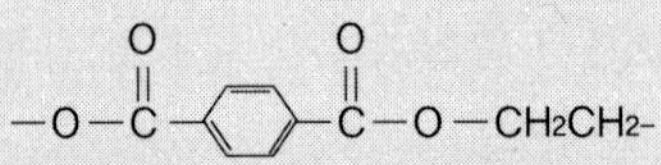

불포화 폴리에스터의 경화 반응:

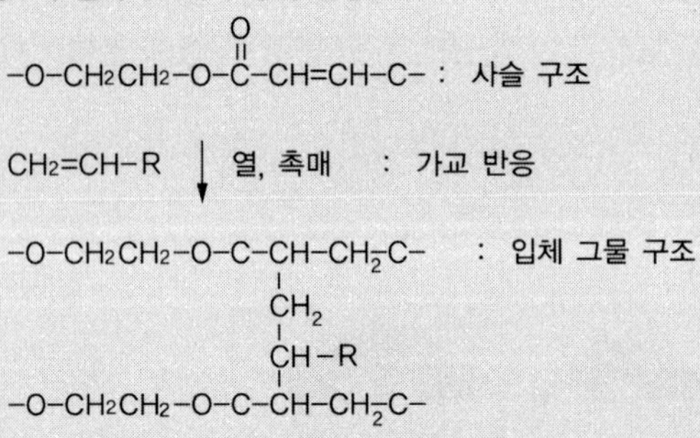

발전되는 고분자 신소재

일반적으로 고분자는 내열성과 강도를 제외하고는 거의 결점이 없는 최고의 소재이다. 그래서 언급한 바와 같이 엄청난 양이 생산되고, 점점 그 영역을 넓혀가고 있다. 대부분의 상품들이 초기에는 나무나 금속 또는 세라믹으로 만들어졌더라도 플라스틱으로 대체하는 연구를 시도하여 달성해 온 것이 우리 인류의 발전 방향이었다. 그 플라스틱의 단점인 내열성과 강도의 향상이 눈부시게 이루어져, 우리는 많은 특수 엔지니어링 플라스틱과 고기능성 플라스틱을 갖게 되었다. 다음 그래프는 그러한 발전의 전과를 보여준다.

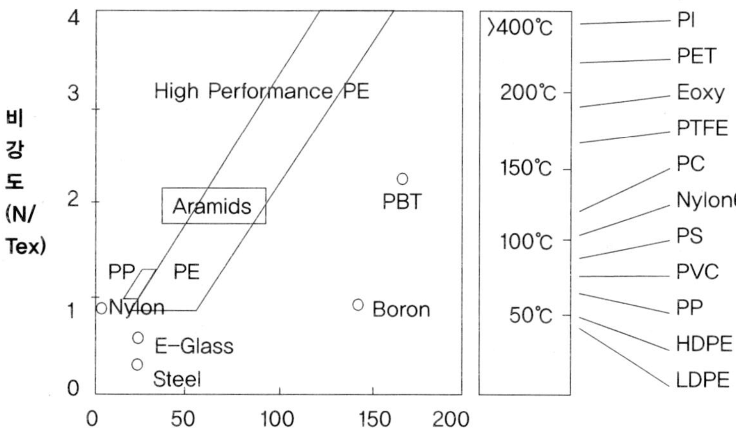

그림 8-2 플라스틱들의 강도와 내열성(1.82 MPa하에서의 열변형 온도)

꿈의 신소재 기능성 고분자들

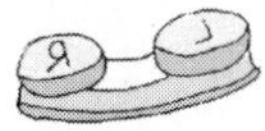

고분자의 사용 양식은 섬유, 플라스틱 성형품, 고무, 접착제, 도료 등이지만, 최근의 전자 공학이나 생명 공학에서도 첨단 산업의 소재로서 새로운 각광을 받고 있다. 예를 들면, 본래 플라스틱은 전기가 안 통하여 절연체로서 아주 긴요하게 써왔다. 그러나 이젠 전기가 통하는 전도성 고분자가 개발되어 전자 공학, 의학 공학 등 여러 분야에 응용되고 있다. 또 플라스틱은 세균에 의하여 부패하지 않기 때문에 식품의 포장과 내후성이 필요한 곳에 폭넓게 사용하여 왔으나, 이젠 거꾸로 잘 썩고 저절로 없어지는 분해성 고분자를 환경 보존용이나 의료용으로 개발하고 있다. 이와 같이 새로운 기능을 부여한 고분자 신소재의 개발이 많이 이루어지고 있는데, 분자 단계에서 정밀한 설계가 용이하기 때문에 이와 같은 기능성 소재로의 발전 가능성은 무한하다고 볼 수 있다.

플라스틱 심장으로 생명을 연장한다

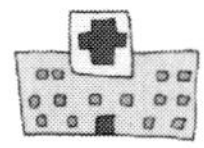

우리 신체의 일부가 망가졌다고 죽음을 그대로 맞이할 수도 없고, 그렇다고 아무 것으로나 대체할 수도 없다. 외부의 물질이 우리 몸 안에 들어오면 피가 응고하면서 거부하는 정교한 장치가 있다. 그래서 상처 난 곳에 피가 굳어 딱지가 생기며, 재채기, 알러지, 식중독을 일으키며 토해 내기도 한다. 인공 장기용 재료는 이러한 이종 단백질 인식 체계를 뛰어 넘는 특수한 구조로 만든다. 다음 표에 인공 장기와 사용 고분자들을 정리하였다.

표 8-6 인공 장기에 사용하는 대표적인 고분자들

인공 장기	사용하는 고분자
콘택트 렌즈	PMMA
이, 아말감	PMMA
식도	PE/rubber
심장	PU, silicone
폐	silicone, PP
신장	cellulose(체외), PE/PVA, PMMA
혈관	Dacron(polyester), Goretex(PTFE)
관절	ultra MW PE, silicone
뼈	fiber reinforced polyester
뼈 접착제	PMMA
힘줄	silicone

플라스틱 광통신

플라스틱은 유리를 제외하고는 유일한 투명성 재료이다. 빛과 정보의 초고속 대용량 전달에 쓰이는 광섬유로서 플라스틱은 가공성과 경제성이 매우 뛰어나다. 또한 분자 구조의 변환을 통해 여러 가지 광학 성질을 변환시켜서 광 스위치나 변조기, 광증폭기를 만드는 연구가 한창이다. 현재 쓰는 레이저 디스크도 플라스틱을 이용한 기록 매체이다.

특히 투명하여 광학 광전자 재료로 사용하는 플라스틱은 PMMA와 PC(폴리카보네이트)이다. PMMA는 렌즈(광학, 콘텍트), 광섬유 등에 응용되며, PC는 현재 우리가 쓰고 있는 CD를 만드는 소재이다. 투명도가 높으며, 강도도 좋아 정보 저장에 적합하다.

PMMA의 구조 **PC의 구조**

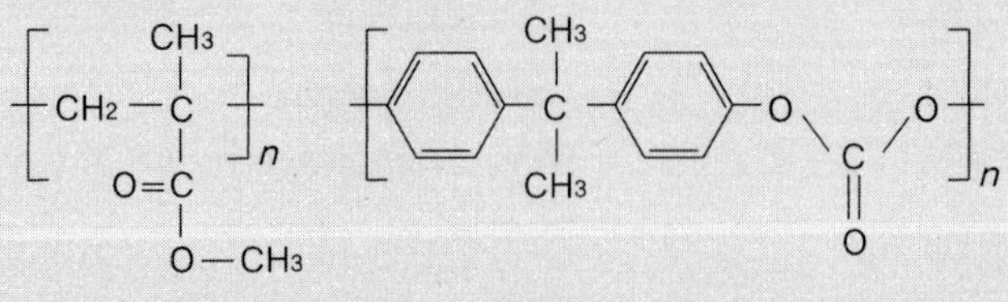

반도체 기술을 받쳐주는 플라스틱 기술

초고집적 반도체 기술의 핵심이 고분자 기술이라는 사실은 이것을 두고 말하는 것이다. 빛에 의하여 진행되는 화학 반응이 있다. 이런 감광성 구조를 고분자에 도입하여 빛을 받으면, 가교 반응을 하여 불용화시키거나, 반대로 분해하여 가용화시켜서 집적 회로를 형성시키

반도체 포토레지스트 공정

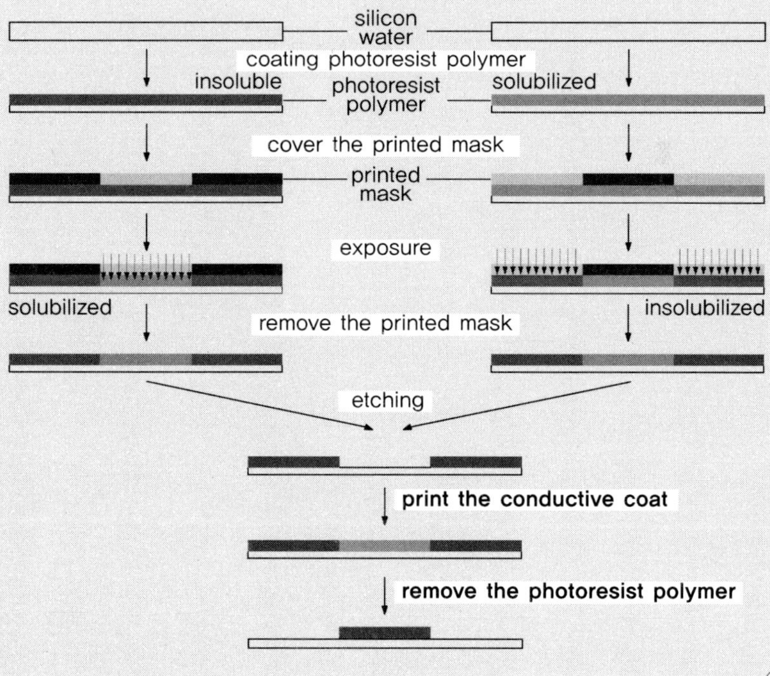

는 데 쓴다. 복잡한 회로를 투명판 위에 인쇄(그래서 인쇄 회로 기판이라고 한다)해서 만든 마스크를 감광성 수지를 입힌 기판 위에 얹고 빛을 쪼이면, 인쇄되지 않은 곳으로 빛이 들어가 밑의 수지를 가교 반응해 불용화하며, 용제로 씻어 내면 마스크에 가렸던 부분은 다 씻겨 나가고 인쇄 회로와 반대된 그림이 남는다. 이것이 네거티브형 기판이다. 이런 원리로 아주 복잡하고 섬세한 회로 기판을 만든다. 이런 광반응을 이용한 광기록도 연구되고 있다.

방탄복 재료로 낚싯대도 만든다

복합 재료는 근간이 고분자이며, 여기에 세라믹(유리, 보론), 금속(강철, 알루미늄 등), 고분자(케블라, 탄소) 섬유를 보강재로 복합화한 강도가 매우 뛰어난 재료이다. 강철보다 단단하고 물만큼 가벼워서 이미 소형 선박, 비행기, 우주선, 미사일, 방탄복, 방화복 등 첨단 분야뿐 아니라, 스키, 낚싯대, 테니스 라켓, 골프채, 욕조, 물탱크 등 생활 속에 깊숙이 활용되고 있다. 여기에 쓰는 고분자는 열경화성 수지로서 불포화 폴리에스터, 에폭시, 페놀 수지, 아크릴 수지, 에폭시 수지 등을 사용한다. 보강섬유로는 유리섬유, 탄소섬유, 케블라섬유 등을 사용하고, 이들 섬유를 직조한 매트에 열경화성 고분자를 함침하여 만든다.

그림 8-3 복합 재료용 탄소섬유 매트

Part 9

자동차용품 코너

국내 자동차 보유 등록 대수는 2008년도 기준으로 승용차 1,200만대, 승합, 화물차 400만대 등으로 총 1600만대 이상으로, 가구당 1대가 넘는 보유대수를 보이고 있다. 또한 연간 생산대수에 있어서도 연간 380만대로 세계 10위에 이를 정도로 비약적인 발전을 해 왔다. 자동차는 종합적인 기술 집합체로서 차체는 철강 기술, 동력 분야에는 기계, 전기 기술, 엔진 제어 분야에는 전자 기술, 도장, 연료 윤활유, 부동액, 배터리 등에는 화학 기술이 종합되어 있다.

고급 가솔린은 비싼 만큼 좋은가?

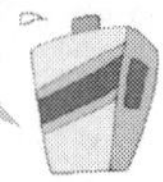

가솔린은 지방족 파라핀, 지방족 올레핀, 나프텐, 약간의 방향족 등으로 조성되어 있으며, 연소 시 발열량이 높은 원유 분해 산물이다. 또한 5~12개의 탄소를 포함하는 탄화수소로서 200도 정도에서 증류되어 나오는 것이 휘발유이다. 보통 자동차 연료용으로 판매되는 것은 파라핀과 올레핀이 50~65%, 나프텐이 30~50%, 방향족이 2~5%가 포함되어 있고, 비중은 0.74~0.76, 발열량은 11,000~11,500 Kcal/Kg, 옥탄가 70~85, 인화점 10~15도, 자연발화점 300~500도이다. 여기서 엔진에 전기 불꽃으로 점화되어 연소실에 화염으로 연소가 일어날 때, 연소실 앞쪽에 남아 있던 미연소 가스가 압력과 열로 자연 발화하여 동력을 약화시키고 엔진을 과열시키는 것을 노킹(knocking) 현상이라고 한다. 노르말 헵탄(n-heptane)은 압축만으로 쉽게 폭발하며, 이소옥탄은 압축만으로는 자연 폭발하지 않는다. 이소옥탄을 100으로, 노르말 헵탄을 0으로 정하고 다른 연료들의 안티녹크성을 표시한다. 자동차의 연료가 내연기관에서 압축된 후 점화 장치에 의해 적절한 순간에 폭발하여 동력을 얻는데, 노킹이 일어나면 동력을 효율적으로 사용할 수 없게 되며 엔진을 상하게 한다. 이것을 막기 위해 사에틸납을 첨가하는데, 인체에 유독하며 포함된 납이 배기 가스에 포함되므로 지금은 무연휘발유를 사용한다. 옥탄가가 높은 가솔린을 사용하면 노킹이 일어나지 않으며, 엔진에 무리가 가지 않고, 출력도 좋아진다.

디젤차는 왜 겨울에 시동이 잘 안 걸릴까?

디젤차의 연료는 경유이며, 원유의 분해 공정에서 350도까지 나오는 기름으로 탄소수 15~18의 탄화 수소이다. 주로 디젤 엔진의 연료로 사용되어서 디젤유라고 부른다. 비중 0.82~0.88로 약간 무겁고 담황색이며, 자연 발화 온도는 약 350도, 발열량은 약 10,500 Kcal/Kg이다. 디젤은 압축하면 자연 발화되어 폭발을 일으키므로 디젤 엔진에는 점화 장치가 없다. 점화 없이 압축만으로 폭발을 시키므로 발화 지연이 문제가 된다. 착화성이 좋은 연료가 고급이며, 엔진에도 좋고 정숙한 운행이 된다. 디젤은 불완전 연소가 일어날 확률이 높아 황을 많이 포함하고 있는 연료를 사용하면 배기 가스에 유황 성분이 포함되어 대기를 오염시킨다. 디젤 자동차가 충분히 가열되기 전에 시동을 걸면 압축력과 온도가 충분하지 않아, 불완전 연소가 심하게 되어 검은 매연이 많이 나오게 되는 것을 볼 수 있다. 엔진이 자연 발화를 일으키기에 적당하도록 예열해야 하는데, 겨울에는 주위 온도가 낮기 때문에 예열이 잘 안 되는 것이다.

LPG, LNG, CNG 헷갈리네, 도시 가스는 또 뭐야?

LPG(Liquefied Petroleum Gas, 액화 석유 가스)는 원유 채굴 과정에서 추출하거나 원유를 증류하여 생산한다. 프로판(propane, $CH_3CH_2CH_3$), 부탄(butane, $CH_3CH_2CH_2CH_3$)이 주성분이고, 발열량은 6,000 kcal/L(12,000 kcal/kg)이며, 액화 온도가 −47도로 낮아 수송과 저장이 편하나, 천연 가스보다 무거워 유출했을 때 바닥에 깔리고 퍼지지 않아 폭발 위험이 크다. 택시 연료, 가정용, 휴대용 등산 용품, 라이터 등에 사용한다.

LNG(Liquefied Natural Gas, 액화 천연 가스)는 해저 유전에서 직접 채굴하는데, 메탄(CH_4)이 주성분이며, 발열량은 10,400 kcal/Nm^3(액화 또는 압축 전 천연 가스 상태의 부피당 발열량)이고, 액화 온도가 −161도로 특별한 장치가 있어야 액화할 수 있어 비용이 많이 든다. 그러나 황과 수분이 적고, 액화하면서 부피가 1/600로 줄며, 폭발 위험이 낮아, 점차 사용이 증가되는 추세이다. 난방용, 자동차, 산업용으로 사용된다.

CNG(Compressed Natural Gas, 압축 천연 가스)는 LNG와 같은 성분이나 높은 비용을 들여 액화하지 않고 1/200 정도로 압축한 가스 상태로 사용하고, 다른 가스보다 가벼워 누출되어도 곧 공기 중으로 분산되며, 폭발 위험이 적어 가정용이나 버스에 사용된다.

도시 가스는 LNG나 CNG와 같은 메탄(CH_4) 성분인데, 액화하거나 압축하지 않은 상태로 가정에 공급된다. 위험을 감안하여 공기도 혼합하고, 열량을 높이기 위해 석유 가스(LPG)를 혼합한다. 최근 비용 문제로 석유 가스를 혼합하지 않고 공급하는 경우도 있다.

엔진 오일(내연기관용 윤활유)은 등급이 있다

엔진 오일은 마찰을 감소시켜 동력 손실을 최소화하고, 마모를 방지하며, 마찰열을 최소화하여 국소 과열을 방지한다. 또한 압축 가스의 누설과 연소 생성물의 유출을 막는 밀봉 작용을 하며, 연소생성 불순물의 침전과 고착을 분산시키고, 녹을 방지하여 부식을 방지하는 역할을 하는 매우 중요한 물질이다. 윤활유는 무거운 탄화수소로서 탄소수가 18~20 정도이며, 원유 분해 공정에서 370도까지 증류되어 나온다.

엔진 오일의 규격은 미국자동차기술협회(SAE)와 미국석유협회(API)의 점도 분류가 널리 쓰였으나, 지금은 API 서비스 분류를 사용한다. SE 규격은 SD 나 SC 규격보다 더 높은 산화방지성과 부식방지성의 고급 규격이다. SF 규격은 더 우수한 성능과 공해 문제를 개선한 규격이며, SG 규격은 고온안정성과 연료절감성까지 높인 최고급으로서 디젤 엔진의 CC 급 성능도 동시에 만족한다.

디젤은 가솔린 엔진에 비해 더욱 높은 압력에서 작동하며, 유황분의 함량이 많고 불완전 연소하는 경향도 많기 때문에, 이런 산성 부식물을 중화시키기 위해 알칼리성을 띤다. 등급으로는 CA부터 CE 까지 5단계로 나누어진다.

얼지 않는 부동액

엔진 냉각은 대부분 물로 하는데, 겨울철에 물이 얼면 정상적으로 작동되지 않으므로 물에 혼합하여 얼지 않게 하는 부동액을 첨가한다. 부동액은 대부분 글리콜(glycol)계를 사용하는데, 값이 싸기 때문에 알콜도 사용한다. 알콜 타입은 부동성은 우수하나 비점이 낮고, 휘발성이 있으며, 독성도 있어서 점차 사용이 줄어드는 추세이다. 산화방지제 및 부식방지제로 페놀류, 방향족 아민류, 인 또는 황 화합물을 배합하며, 중화제로는 알칼리성 제제가 포함된다. 에틸렌 글리콜(ethylene glycol)은 비점이 197도이며, 30% 정도 물에 혼합하면 -20도에서도 얼지 않는다. 자기가 차를 운행하는 지역의 날씨에 따라서 부동액의 비중과 온도를 맞추어야 한다. 우리나라의 경우 겨울에 남부 지역은 -20°에, 중북부 지역은 -30°정도에 맞추면 된다. 여름이라고 해서 부동액 대신 맹물을 넣으면 안 된다. 부동액은 얼지 않게 하는 역할뿐 아니라 부식 방지도 하기 때문이다.

배터리가 나갔다는 것은 무슨 일이 생긴 걸까?

자동차에 사용하는 축전지는 납축 전지로서 양극판은 과산화납(PbO_2), 음극판은 납(Pb), 전해액은 묽은 황산(H_2SO_4)을 사용한다. 6볼트(이륜차), 12볼트(소형차), 24볼트(대형 화물차)형 등이 있다. 충전-방전 과정을 이해하기 위해서는 산화-환원 반응을 이해해야 한다.

셀당 기전력은 2.1 볼트로서 6개를 이어서 12 볼트를 만든다. 겉 케이스는 합성 수지나 에보나이트로 만들며, 양극과 음극 사이에 강화섬유나 다공성 고무, 합성 수지로 만든 격리판을 넣어서 만든다. 전해액은 황산이므로 폐전지를 산이나 강에 버리면 안 된다. 이렇게 충전-방전을 반복하며 오래 쓸 수 있는 전지를 이차 전지라고 한다. 그러나 각 판들이 떨어지거나, 음극의 다공성납이 손상되거나, 전해액의 손상 등에 의하여 기전력을 잃어가며 수명이 다하게 된다.

납축전지의 방전과 충전

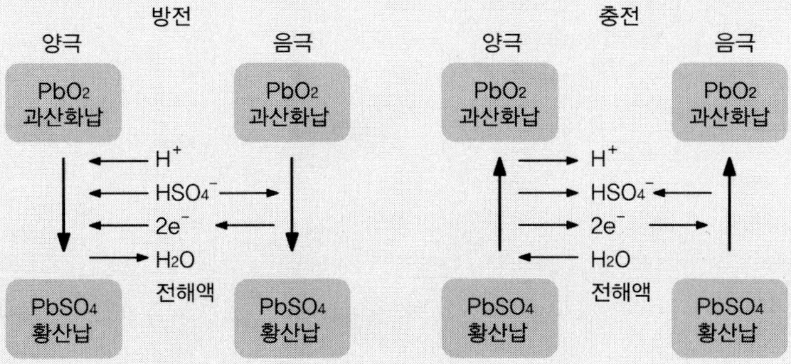
방전
양극
음극
PbO_2
과산화납
PbO_2
과산화납
H^+
HSO_4^-
$2e^-$
H_2O
전해액
$PbSO_4$
황산납
$PbSO_4$
황산납
충전
양극
음극
PbO_2
과산화납
PbO_2
과산화납
H^+
HSO_4^-
$2e^-$
H_2O
전해액
$PbSO_4$
황산납
$PbSO_4$
황산납

자동차 유리의 비밀

가끔 자동차 유리에 난 금이나 구멍을 고쳐 준다는 광고를 볼 수 있을 것이다. 그래도 될까? 자동차 유리는 창문이나 거울에 쓰는 유리와는 다른 안전 유리라는 것을 사용한다. 안전 유리는 두 장의 유리 사이에 끈기가 있는 플라스틱이 샌드위치처럼 끼워져 있다. 그래서 깨져도 플라스틱에 유리 조각들이 붙어서 사람이 다치는 것을 막아 준다. 그 사이에 넣어주는 플라스틱은 보통 수용성의 폴리비닐 알콜을 아세탈화 반응하여 불용성으로 개질한 고분자로서, 유리가 충격을 받았을 때는 충격 완화 역할도 하고, 깨지거나 금이 가도 유리 조각이 떨어지지 않도록 붙어 있게 한다.

자동차 안전 유리는 이것만이 아니라 여기에 한 가지 기술을 더 넣었다. 만일 충격이 커서 유리가 깨졌을 경우, 날카로운 큰 조각으로 되지 않고 아주 작은 조각으로 가루가 되게 한다. 유리를 만들 때 뜨거운 유리 용융물을 갑자기 냉각시켜서 큰 구조의 소결을 방해하여 작은 알갱이 구조로 만들었기 때문에 깨지면 아주 작은 알갱이로 되는 것이다.

윈도 워셔액

자동차용 앞유리의 바깥 표면에 이물질이 끼면 운전자의 시야를 가리게 되어 안전운전에 장애가 된다. 유리창을 늘 깨끗하게 유지해 주는 워셔액의 조성은 계면활성제 0.1%, 용제 1~30%가 주성분을 이루고 있고, 부식방지제와 음이온 계면활성제인 선형 알킬벤젠 설포네이트(LAS)를 주로 쓰며, 환경친화적인 폴리에틸렌옥사이드 알킬에테르(polyethyleneoxide alkylether)를 사용하기도 한다.

용제는 계면활성제의 세정력을 도울 뿐 아니라 겨울에도 얼지 않게 하는 역할을 한다. 용제로는 에틸 알콜 등의 저급 알콜이나 부틸렌옥사이드 메틸에테르 등을 사용한다. 여름용은 용제가 5% 미만이 사용되나 겨울용은 25% 이상을 포함시켜야 동결되지 않는다. 겨울에는 워셔액도 구분해서 사용한다.

광택제

목재, 금속, 플라스틱, 타일 등의 표면에 도포하여 오염과 마찰을 방지하고, 광택을 주는 제제이다. 주원료는 천연 왁스로 식물성인 카르나바 왁스(carnauba wax), 칸데릴라 왁스(candelila wax), 라이스 왁스(rice wax) 등을 사용하거나, 동물성 왁스인 밀납, 고래에서 추출한 경납 등이 있고, 광물성 왁스인 파라핀 왁스, 석탄에서 추출한 몬탄 왁스(montane wax) 등을 사용한다. 그중에서도 광택 효과가 뛰어난 카르나바 왁스와 값이 저렴한 파라핀 왁스의 혼합물을 많이 사용한다. 고체형과 액체형, 그리고 그 중간형인 반죽형이 있다. 고체일수록 광택 지속성이 좋고, 액체형일수록 사용이 편리하다. 보통 가정용으로는 고체형과 반죽형을 사용하며, 자동 세차 장치에서 액체형을 사용한다. 여기에 첨가물로서 용제와 계면활성제, 실리콘 오일 등이 포함된다.

연료첨가제

자동차의 연료 계통을 보면 연료 탱크에서 연료 펌프를 지나 인젝터에 의해 분사되고, 흡기 밸브를 지나 연소실로 들어가 연소된다. 이 과정에서 연료에 포함되어 있던 불순물이나 연소 과정에서 생긴 퇴적물들이 각 기관들에 부착되어 차의 성능을 떨어트리고, 연비가 낮아지며, 부식이 일어나게 된다. 이러한 퇴적물들이 부착되지 않도록 퇴적물을 제거해 주는 연료첨가제가 있다.

연료첨가제에 사용하는 계면활성제는 적당한 열안정성을 가진 폴리에테르아민이나 폴리이미다졸린 등을 사용한다. 열안정성이 너무 낮으면 연소실에 도달하기 전에 분해되어 버리고, 열안정성이 너무 높으면 연소실에서도 분해되지 않고 퇴적되거나 배기 가스에 섞이게 되어 엔진과 환경에 나쁜 영향을 미칠 수 있다.

엔진 오일 첨가제

엔진 오일에는 퇴적물, 마모, 부식, 산화, 녹 등을 방지할 목적으로, 분산제, 금속계 청정제, 산화방지제, 방청제, 마모방지제, 유동성 고분자 등 여러 가지 첨가제가 포함된다. 청정분산제는 슬럿지, 카본, 연료나 엔진 오일의 일부가 산화되어 발생한 슬럿지를 유중에 분산시켜 엔진의 내구 수명을 감소시키지 않게 하고, 퇴적물들이 엔진을 마모시키지 않도록 제거하는 역할을 하며, 주로 설포네이트의 금속계 청정제 외에 호박산이미드류(succinimide)나 호박산에스테르류, 알킬페놀아민 등의 고점도 고분자들을 사용한다.

산화방지제는 엔진 오일이 산화되면 점성이 과도하게 높아져 엔진 내의 퇴적물 적층과 부식이 일어나게 되므로 이를 막기 위해 사용한다. 주로 ZnDTP(Zinc dithiophosphate), 페놀류, 방향족 아민 등을 사용한다. 엔진이 구동하는 데 마모를 적게 하는 윤활 성능 또한 매우 중요한데, ZnDTP, MoDTP(Molybdenum di-n-butoxydithiophosphate) 등을 사용한다.

Part 10

부엌에서

이제 쇼핑을 마쳤으면 집에 와서 구입한 물건들을 정리하고 식품들을 냉장고에 넣어야 한다. 필요할 때마다 뛰어나가서 구입해서는 현명한 소비생활을 한다고 할 수 없다. 그러므로 저장도 중요한 생활 기술이다. 영양 좋고 맛있는 요리를 위해, 식구들의 건강을 위해, 또 나의 다이어트를 위해 몇 가지 유의할 것들이 있다.

냉동과 냉장
어느 쪽이 좋을까?

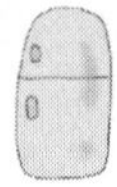

철 따라 수확되는 식품이 다르고, 생산지와 소비지가 멀리 떨어져 있기 때문에 식품의 저장과 수송이 중요한 문제가 된다. 채소나 고기 같은 식품은 시간이 지나면 산화되거나 미생물에 의해서 부패한다. 대부분의 미생물은 생존에 물을 필요로 한다. 그러므로 건조는 저장의 유력한 방법이 된다. 말린 채소나 건어물이 그것을 이용한 저장 방법이다. 소금에 절이는 방법도 좋은데, 미생물의 세포가 삼투압에 의해 물을 다 빼앗겨 죽게 되므로 상하지 않고 저장이 되는 것이다. 살균 후 밀폐하여 미생물이 침투하지 못하도록 만드는 통조림이나 병조림은 식품을 오래 저장하는 좋은 방법이다.

냉장은 보통 가정에서 가장 많이 쓰는 방법인데 주의할 점이 있다. 냉장고는 영상 4도부터 1도 정도이므로 미생물이 죽지도 않을 뿐 아니라 비록 느리지만 성장도 한다. 식품을 냉장고에 넣었다고 해서 안심하면 안 된다.

냉동은 미생물의 성장을 막는 데 훨씬 유효하기 때문에, 식품을 장기간 저장하는 데 없어서는 안 될 기술이다. 그러나 냉동 과정 중에 영양소의 상당 부분이 파괴되며, 해빙시킬 때도 파괴된다. 또한 냉동할 때 식품 속에 포함되어 있던 물이 얼면서 팽창하고, 외부로 유출되어 원래의 적당한 수분을 함유한 상태를 유지하지 못한다. 냉동고에서 꺼낸 식품을 해빙할 때는 가열하거나 흐르는 물로 녹이지 말고, 저절로 해빙되도록 하는 것이 좋다.

그런데 해빙 접시라는 신상품이 시중에서 판매되고 있다. 이것은 무엇일까? 해빙 접시는 열전도도가 좋은 금속(보통은 알루미늄)으로 만든 단순한 접시로서, 냉동된 식품을 이 위에 올려놓으면 열전도가 빠르므로 해빙이 빨라진다. 해빙 접시 대신 성능이 조금 떨어져도 알루미늄이나 스텐레스로 된 용기에 올려 놓아도 된다.

냉동과 냉장 중 어느 쪽으로 할 것인가는 식품에 따라 결정해야 한다. 많은 식품을 한꺼번에 사서 냉장고나 냉동고에 넣어두는 것은 좋지 않은 습관이다. 쉽게 상하는 생선은 되도록 장기간 저장하지 말고, 부득이한 경우는 냉동을 시킨다. 채소나 과일은 냉동고에 넣지 않는 것이 맛을 유지하는 방법이다.

매운맛은 손으로도 안다

맛은 혀로 느낀다. 혀에 분포된 미세포 때문에 맛을 느낄 수 있는데 미세포가 느낄 수 있는 맛은 네 가지다. 혀의 끝이 단맛을, 양 옆이 신맛을, 혓바닥이 짠맛을, 혀 안쪽이 쓴맛을 느낀다. 사탕은 혀끝으로 먹어야 더욱 단맛을 느낄 수 있고, 쓴 약은 혀 안쪽에 닿지 않게 먹어야 쓰지 않을 것이다.

소금통에 손을 오래 담가둬도 손이 짠맛을 느낄 수 있는 것은 아니다. 그리고 얼굴을 설탕 범벅으로 해도 얼굴이 단맛을 느낄 수 있는 것은 아니다. 그러나 김장을 담글 때 고춧가루를 만지면 손이 맵다고 한다. 사실은 손이 매운맛을 느낀 게 아니라 통증을 느끼는 것이다. 손뿐만 아니라 얼굴이나 입술, 또는 다른 부위의 피부 세포들도 매운맛을 느낄 수 있다.

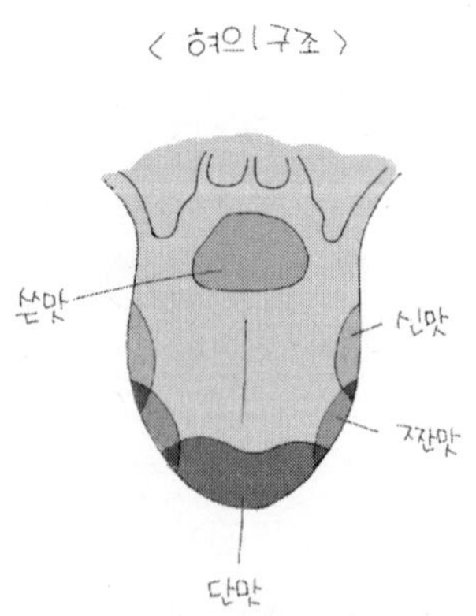

그림 10-1 혀의 네 가지 미세포 분포

고기 요리에 포도주를 넣는 이유는 무엇일까?

서양인들은 고기를 요리할 때 보통 포도주를 넣는다. 또 고기를 먹을 때도 포도주를 같이 마신다. 무슨 분명한 이유가 있는 걸까? 포도주에는 고기를 부드럽게 하는 화학 성분이 들어 있다. 고기의 주성분은 긴 사슬 모양의 구조로 되어 있는 단백질이기 때문에 단단하고 질긴 것이다. 먹기도 힘들지만 소화시키기도 어려워 고기의 긴 사슬 구조를 짧게 토막 내 줄 필요가 있다. 이것을 화학 용어로 해중합이라고 한다. 이 반응은 열을 가하거나 칼질을 할 때, 화학 반응을 일으킴으로써 가능하다. 그중 화학 반응에 의한 방법은 연육소를 쓰는 것이다. 과일에서 추출한 파파인이라는 단백질 분해효소도 그중의 하나이다. 이 성분은 포도나 키위 등 과일에 다량 들어 있다. 서양 요리에서 가끔 포도주를 넣는 것도 맛과 향을 내려는 이유 외에도 연육소의 효과를 노리는 것이다.

파파인(papain):
파파인은 식물성 단백질로서 분자량이 23,400이나 되는 거대한 고분자이다. velardon, vermizym이라고도 부른다.

요리의 화학

먹고 마시는 일은 생활의 중요한 요소이다. 그중 음식은 맛과 영양이라는 두 가지 요소를 모두 갖추어야 한다. 조리를 하는 목적은 적당한 영양을 맛있게 섭취하도록 식용 원료를 가공하는 것이다. 우리가 요리를 하는 이유를 정리하면

① 먹을 수 있는 상태로 만들고
② 소화를 쉽게 하고
③ 기생충과 세균을 죽이고
④ 더 오래 보존할 수 있게 하고
⑤ 더 맛있게 하기 위해서이다.

요리는 세정, 계량, 가열(끓이기, 졸이기, 찌기, 굽기, 튀기기, 데치기), 조미, 장식 등의 과정을 거쳐서 완성된다. 음식에 따라 다양한 가열 방법을 쓴다. 삶은 음식이나 찌개, 탕을 하는 데 사용하는 끓이기나 삶기인 물 중탕은, 물의 끓는 온도인 100도 전후에서 조리하는 가열 방법이다. 음식물을 완전히 익히지 않고 부드럽게 만들면서 멸균만 하는 짧은 시간의 데치기도 있다. 기름 중탕인 튀기기는 이보다 온도가 높아서 300도 정도가 되는데, 영양소가 상당 부분 파괴된다. 건식 가열인 굽기는 오븐의 온도를 200도에

서 400도까지 조절할 수 있다.

유의할 점은 높은 온도로 요리할수록 영양소의 파괴가 심하다는 것이다. 특히 지방은 높은 온도에서 독성이 있는 과산화물을 생성하여 암이나 노화를 일으킬 수 있기 때문에 태우면 좋지 않다. 서양 요리는 오븐에서 굽는 것이 많고, 중국 요리는 기름에서 튀기는 게 많다. 이에 비하면 한국 요리는 물중탕 요리를 주로 하는 편이며, 찌개와 탕이 잘 발달되어 있다. 약한 불에 은근히 가열하는 요리법이 영양소 파괴를 가장 적게 하므로, 영양학적인 면에서 보면 한국 요리가 서양 요리나 중국 요리보다 더 우수하다고

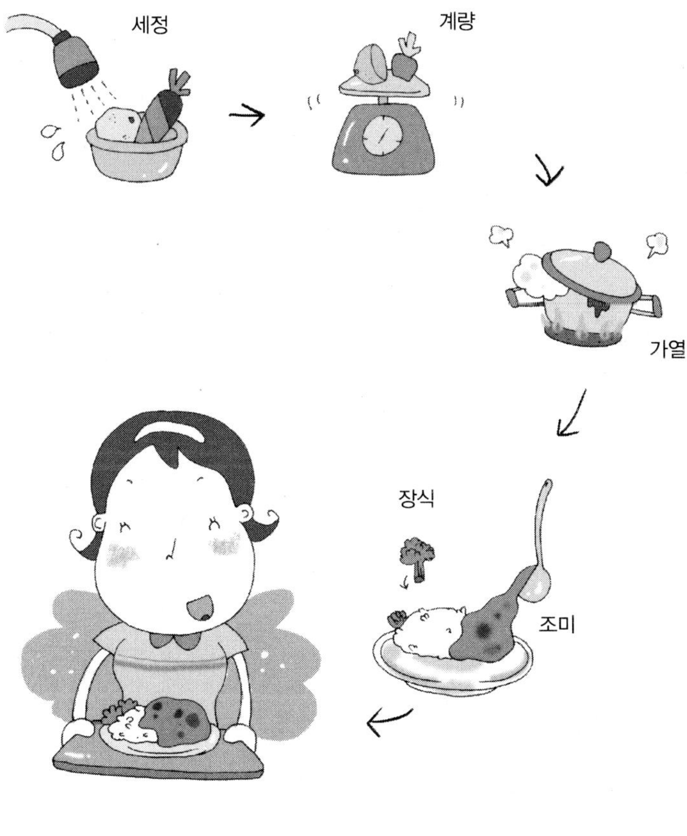

그림 10-2 요리 과정

할 수 있다.

요즈음은 굽는 요리에 전자 렌지를 많이 사용한다. 전자 렌지는 파장이 10cm쯤 되는 전자기파를 사용한다. 비교적 긴 파장의 이 전자기파는 식품에 수 cm 침투하여 물분자 등을 진동으로 배출시킴으로써 식품을 건조시키고 가열한다. 그래서 전자 렌지로 요리하면 식품이 건조해지는데, 이럴 때는 물을 약간 뿌려서 가열하는 것이 좋다. 전자 렌지에 금속을 넣으면 안 된다. 반드시 전자 렌지용 플라스틱이나 도자기, 유리 그릇을 사용해야 한다.

골고루 먹어라

어머니들은 식사 때마다 자녀들에게 골고루 먹으라고 말한다. 편식을 하지 말고 영양을 조화롭게 섭취해야 한다는 말이다. 영양에 관하여 세계보건기구(WHO)는 다음과 같이 정의하였다. "영양은 생명의 유지와 성장을 위한 음식물의 섭취 이용 과정이다." 한자로 음식(飮食)은 마실 飮, 먹을 食으로서 먹고 마시는 것을 말한다.

모든 음식 중에서 우리의 인체에 직접 필요한 화학 성분을 가리켜 영양소라고 하는데, 단백질, 지방, 탄수화물, 무기질, 비타민을 5대 영양소라고 한다. 영양학에서는 조화로운 영양섭취를 위해 다섯 가지 영양소에 근거하여 모든 식품들을 다섯 종류의 기초식품군으로 분류하는데, 특히 무기질 중에서 칼슘은 매우 중요하여 우리 몸의 뼈대를 만드는 영양소이기 때문에 독립된 한 군을 형성한다.

표 10-1 기초 식품군

구분	군	식품군	주요 영양소
구성 식품	Ⅰ	고기, 생선, 알, 콩…	단백질
	Ⅱ	우유, 유제품, 잔 생선…	칼슘
조절 식품	Ⅲ	채소 및 과일	무기질, 비타민
에너지 식품	Ⅳ	곡류, 감자…	탄수화물(당질)
	Ⅴ	유지류	지방

피가 뚝뚝 흐르는 스테이크

우리의 식생활도 많이 서구화되어서 가정에서건 식당에서건 스테이크를 먹는 경우가 많다. 잘 익혀 달라고 해도 두꺼운 스테이크를 잘라보면 속에 피가 그대로 흐르는 경우가 많다. 더구나 살짝 익히는 경우엔 접시에까지 피가 흥건하다. 괜찮을까? 사실 이 붉은 액체는 피가 아니다. 고기를 가공할 때 피는 다 뺀다. 그렇지 않다면 그 피는 응고할 것이다. 근육 자체에도 피의 헤모글로빈처럼 붉은색의 미오글로빈이 들어 있는데, 이것이 나온 것이다. 일종의 단백질이므로 피가 아니라는 인식만 갖게 된다면 이상하다는 생각은 없어질 것이다.

헤모글로빈과(hemoglobin)과 미오글로빈(myoglobin):
둘 다 산소를 운반하는 역할을 한다. 단백질과 헴(heme)의 복합체로서 헤모글로빈은 단백질과 헴 분자 네 개가 결합한 구조이고, 미오글로빈은 단백질과 헴 분자 한 개가 결합한 구조이다. 피에 들어 있는 헤모글로빈이 산소를 운반하여 근육 세포에 있는 미오글로빈에게 전달해 준다. 오른쪽 그림은 이 두 물질의 핵심인 헴의 구조를 나타내었다.

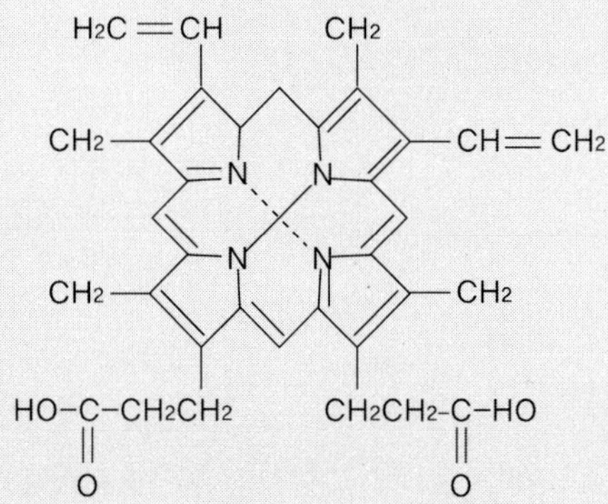

다이어트에도 화학이 있다

음식을 섭취하면 소화하여 일부는 연소 에너지로 우리 몸을 지탱하거나 활동 에너지로 쓰고, 남는 영양은 지방으로 합성하여 저장한다. 탄수화물은 입안의 침에 함유된 아밀라제로부터 소화가 시작되며, 단백질은 위에서부터 아미노산으로 분해되며, 지방은 소장에서부터 지방산과 글리세롤로 분해하기 시작한다. 식이 섬유는 소화가 안되고 그대로 배설하며, 변비 방지, 비만 방지, 혈중 콜레스테롤 감소, 심장병 억제 등에 유익하다.

사람마다 기초 대사량이 다르며 기초 대사량이 적은 사람이 비만해지고, 운동을 많이 하는 활동적인 사람이나 어린이는 기초 대사량이 크다. 기초 대사량은 자동차의 공회전 같은 것으로서, 특별히 운동을 하지 않아도 우리 몸의 각 기관들을 유지하는 데 필요한 열량이다. 지방은 저장되기 쉽기 때문에 지방 열량(calories from fat)이 많은 음식을 먹으면 좋지 않다. 비만은 (흡수한 열량) − (소모한 열량) = (체내에 저장하는 열량)의 결과이므로 영양 과다가 되지 않게 하는 수밖에 없지만, 유전적인 체질에도 많은 관계가 있다. 비만을 막기 위하여 꼭 필요한 것은 좋은 식사 습관이다. 첫째 아침을 거르지 않고 규칙적으로 자주 조금씩 먹는다. 둘째 꼭꼭 씹으며 천천히 식사한다. 셋째 지방 섭취를 줄인다. 표 10-2, 표 10-3, 표 10-4에 의해 열량 계산을 하며, 식생활 조절과 규칙적인 운동을 하는 것이 필요하다.

유산소 다이어트란 무엇인가?

운동을 해서 살을 빼려는 경우 산소가 충분히 공급될 시간이 없이 급격하고 과격한 운동을 하면, 지방의 소비가 잘 이루어지지 않아 효과적인 다이어트가 안 된다. 오히려 체중에 대한 체지방의 비율이 높아져 운동을 멈추었을 때 다시 살이 찌는 요요현상이 생기게 된다. 그러므로 다이어트를 위하여 운동을 할 때는 산소가 충분히 공급되도록 천천히, 그리고 과격하지 않은 운동을 오래 꾸준히 해야 한다. 그러므로 다이어트를 위하여 달리기를 할 때는 숨이 찰 정도로 빨리 뛰기보다는 산소가 충분히 공급되도록 약간 빠른 걸음으로 오래 꾸준히 해야 좋다. 이런 운동을 유산소 운동이라고 한다. 산소를 충분히 흡수하여 우리 몸의 영양분을 태워서 소비시키는 것이다.

표 10-2 여러 활동의 에너지 소모량(기준: 70kg 성인)

운동 종류	kcal/hr	운동 종류	kcal/hr
앉아 있거나 잠	80	운전	120
서 있음	140	식사	150
집안 일	180	천천히 걷기	210
자전거	210	볼링	270
빨리 걷기	300	수영	300
배구	350	롤러스케이트	350
테니스	420	스키	600
축구	600	뛰기	900

*(W.S.Synder, M.J.Cook, E.S.Nasset, L.R.Earthaosen, G.P.Howells and I.H.Tripton, "Report of the Task Group on Reference Man" ICdRP Pub. 23, Oxford, England, Pergamon Press(1975))

섭취 열량 계산법

일반적인 식품은 3대 영양소와 비타민, 무기질, 물 등을 포함하고 있다. 지방은 9 kcal/g, 탄수화물과 단백질은 4 kcal/g이므로 섭취하는 식품마다 열량을 계산하고, 더하면 식사의 총열량을 알 수 있다. 예를 들어, 밥 한 공기와 고기 한 조각을 먹었다면 180.9 kcal를 섭취한 셈이 된다.

식품	영양분	총무게	영양분%	무게	× kcal/g	=	열량kcal
밥		100g					
	탄수화물		25.5%	25.5g	× 4	=	102
	지방		0.6%	0.6g	× 9	=	5.4
	단백질		2.5%	2.5g	× 4	=	10
고기		100g					
	지방		5.3%	5.3g	× 9	=	47.7
	단백질		31.7%	31.7g	× 4	=	14.8
							180.9 kcal

모든 영양소와 열량에 대하여 국제영양식품과학회에서 권장규정 식허용치(RDA: recommanded dietary allowance)라는 것을 제시하였는데, 좋은 건강을 유지하기 위한 적합한 영양분의 섭취 기준으로 사용한다. 다음 표에 이 RDA에 근거하여 우리나라 사람에게 적용한 일일 열량 권장량표가 있다.

표 10-3 우리나라 사람의 일일 열량 권장량

연령		체중	신장	에너지	단백질	비타민 A	비타민 D	비타민 E	비타민 C	비타민 B1	비타민 B2	나이아신	비타민 B6	엽산	칼슘	인	철분	아연
		kg	cm	kcal	g	μg RE	μg	mg α-TE	mg	mg	mg	mgNE	mg	μg	mg	mg	mg	mg
영아	0~4 (개월)	5.6	58	500	15 (20)	350	5 (10)	3	35 (50)	0.2 (0.3)	0.3 (0.4)	2(3)	0.1 (0.2)	60 (100)	200 (300)	100 (200)	2(6)	2(4)
	5~11	9.3	73	750	20	350	10	4	35	0.4	0.5	5	0.4	70	300	300	8	4
소아	1~3(세)	14	92	1200	25	350	10	5	40	0.6	0.7	8	0.5	80	500	500	8	6
	4~6	19	111	1600	30	400	10	6	50	0.8	1	11	0.6	100	600	600	9	8
	7~9	27	127	1800	40	500	10	7	60	0.9	1.1	12	0.8	150	700	700	10	9
남자	10~12(세)	38	144	2200	55	600	10	8	70	1.1	1.3	15	1.1	200	800	800	12	12
	13~15	54	162	2500	70	700	10	10	70	1.3	1.5	17	1.4	250	900	900	16	12
	16~19	64	172	2700	75	700	10	10	70	1.4	1.6	18	1.5	250	900	900	16	12
	20~29	67	174	2500	70	700	5	10	70	1.3	1.5	17	1.4	250	700	700	12	12
	30~49	68	170	2500	70	700	5	10	70	1.2	1.5	17	1.4	250	700	700	12	12
	50~64	68	168	2300	70	700	10	10	70	1	1.4	15	1.4	250	700	700	12	12
	65~74	64	167	2000	65	700	10	10	70	1	1.2	13	1.4	250	700	700	12	12
	75이상	60	166	1800	60	700	10	10	70	1	1.2	13	1.4	250	700	700	12	12
여자	10~12(세)	38	144	2000	55	600	10	8	70	1.1	1.2	13	1.1	200	800	800	16	10
	13~15	51	158	2100	65	700	10	10	70	1.1	1.3	14	1.4	250	800	800	16	10
	16~19	44	160	2100	60	700	10	10	70	1	1.3	14	1.4	250	800	800	16	10
	20~29	54	161	2000	55	700	5	10	70	1	1.2	13	1.4	250	700	700	16	10
	30~49	55	158	2000	55	700	5	10	70	1	1.2	13	1.4	250	700	700	16	10
	50~64	57	157	1900	55	700	10	10	70	1	1.2	13	1.4	250	700	700	12	10
	65~74	54	154	1700	55	700	10	10	70	1	1.2	13	1.4	250	700	700	12	10
	75이상	52	152	1600	55	700	10	10	70	1	1.2	13	1.4	250	700	700	12	10
임신	전반			+150	+15	+0	+5	+0	+15	+0.3	+0.3	+1	+0.5	+250	+300	+300	+4**	+3
	후반			+350	+15	+100	+5	+2	+15	+0.4	+0.4	+2	+0.5	+250	+300	+300	+8**	+3
수유				+400	+20	+350	+5	+3	+35	+0.4	+0.5	+4	+0.6					

*(한국인구보건연구원 한국인일일영양권장량 제7차 개정판 2000년)

표 10-4 미국 4살 이상 성인의 일일 권장 주요 무기질과 비타민의 양과 결핍증

영양소	권장량	기능	결핍증	함유식품
철	180mg 30mg	혈액성분 (임산부)	빈혈	쇠고기, 달걀 노른자, 건포도, 자두
칼슘	1mg	뼈, 이 성분, 면역성, 세포막	성장장애, 경련, 혈액응고, 구루병	우유, 잔생선, 콩
비타민 A (retinol)	5000IU	신경 보호	야맹증, 결막건조	생선, 달걀 노른자, 채소, 복숭아, 살구, 당근
비타민 B1 (thiamin)	1.5mg	탄수화물 대사	각기병, 신경장애	쌀겨, 콩, 돼지, 쇠고기
비타민 B2 (riboflabin)	1.7 mg	단백질 대사, 피부 유지 재생	성장장애, 충혈, 피부병	달걀, 고기(간), 우유
비타민 B3 (niacin)	20mg	영양소 대사, 피부, 신경계 안정	피부병, 빈혈	고기(간), 생선, 곡류, 채소
비타민 C (ascorbic acid)	60mg	환원제, 면역성, 상처 치유력	괴혈병, 신경쇠약	신선한 과일, 채소
비타민 D (cholecalciferol)	400IU	간과 콩팥의 활성, 칼슘 대사	뼈, 이 발육 부진, 구루병, 골다공증	생선, 우유

Part 11

쾌적한 환경을 위하여

먹고 입고 난 뒤에는 쾌적하게 잠자고 쉴 수 있는 집과 환경을 만드는 일이 남아 있다. 난방과 냉방은 경제적으로 하면서도 환경보존을 염두에 두어야 한다.

석유를 난방 연료로 쓰지 말자

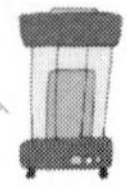

연탄이나 장작을 난방용으로 쓰는 경우가 없는 것은 아니지만, 지금은 편리성 때문에 거의 가스나 기름을 사용한다. 가스도 천연 가스와 액화 석유 가스, 프로판 또는 부탄 가스가 있고, 기름도 벙커 C유부터 휘발유, 등유 등 여러 가지를 사용한다. 원유에서 추출되는 이러한 연료들을 화석 연료라고 한다. 그러나 이런 화석 연료는 플라스틱이나 의약품 등의 합성 화학의 중요한 원료가 되므로, 에너지만을 위한 연료로는 사용하지 않도록 대체 연료를 개발하여야 한다. 왜냐하면 화석 연료는 한정된 양을 모두 소모하면 고갈되기 때문이다. 소재의 원료로는 화석 연료인 석유가 거의 유일한 원료이지만, 에너지는 태양열, 태양광, 풍력, 수력, 조력, 지열, 원자력 등 다양한 원천으로부터 얻을 수 있기 때문이다. 우리가 에너지를 낭비한다는 것은 곧 우리의 후손들에게 어떤 일이 일어날지 전혀 책임지지 않는다는 말이 되는 것이다.

불을 살리려면 물을 부어라?

석탄은 단순한 물질이 아니며 복잡한 여러 물질의 혼합물이지만, 간단히 탄화수소라고 할 수 있다. 탄소가 50~80%나 차지하며, 나머지는 산소, 수소, 황, 질소 순으로 포함되어 있다. 무연탄은 값이 싸고 열량이 높아서 우리나라에서는 오랫동안 연탄 또는 구공탄으로 불리며 연료로 써 왔다. 이런 석탄은 연소 전에 가루로 되어 있는 형상 때문에 많은 비위생성과 불편을 주며, 연소 후에도 검댕과 배기 가스에 포함된 황과 질소 화합물이 인체와 대기 환경에 심각한 오염을 주므로 점차 사용하지 않게 되었다. 특히 고체로 되어 있는 석탄을 연소할 때 불완전 연소를 피할 수 없는데, 불완전 연소를 하면 일산화탄소가 생성된다. 일산화탄소는 매우 유독한 기체로 극소량만으로도 목숨을 잃는다. 그동안 연탄으로 인하여 많은 인명 피해가 있었다. 얼마 전까지만 해도 주한 미군 방송(AFKN)에서 연탄 난방 방에서 잘 때 해골 마크를 크게 보여 주며, 주의하라는 경고를 보내기도 했었다.

경제적인 이유에서 아직도 연탄을 쓰는 경우가 있다. 연탄을 사용할 때 불완전 연소를 방지하려면 연탄 주위에 물을 뿌리거나 물통을 부착한 연소통을 사용하는 것이 좋다. 물은 수소와 산소로 되어 있어 완전 연소를 도와준다. 야외에서 모닥불이나 바비큐불을 지필 때 불이 잘 안 붙는 경우 물을 뿌리면 불이 확 붙는 것을 경험할 수 있는 것도 이 때문이다.

등유와 중유

원유를 분해할 때 기체들 다음으로 300도 정도에서 나오는 것이 등유(kerosene)이다. 등유는 탄소 12~16개 정도의 탄화 수소로 되어 있으며, 보일러나 발동기의 연료로 사용한다. 그밖에 페인트의 희석제나 세정제, 농약의 용매로 사용한다. 중유(residual fuel)는 증류탑 하부에서 나오는 무거운 기름으로, 점성이 크고 점도에 따라 경질유, 벙커 A유, 벙커 C유로 나눈다. 대형 보일러나 선박 엔진 등에 사용한다.

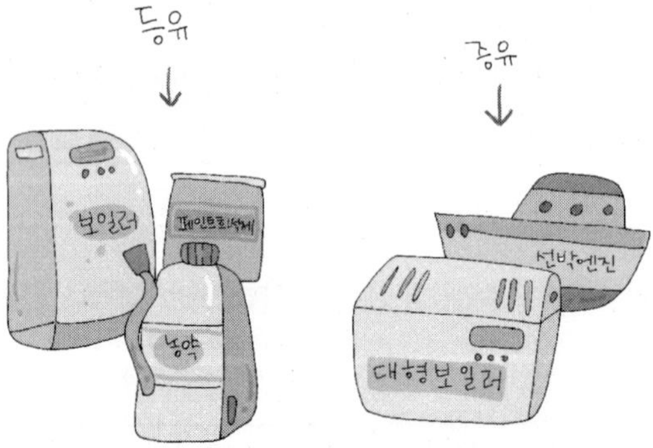

아스팔트는 석유 찌꺼기

370도에서도 증류되지 않는 것은 탄소수 20개 이상의 아스팔트, 코크스, 파라핀 등이다. 석유의 탄화수소는 370도 이상에서 가열하면 열분해되므로, 그 이상의 온도로 증류하지는 못한다. 황과 질소, 기타 중금속과 그 화합물도 상당량 들어 있다. 도로 포장이나 방수제, 절연체 등으로 사용한다.

대기와 대기 오염

건조한 대기는 78%의 질소와 21%의 산소, 1%의 기타 기체로 이루어져 있다. 아르곤(Ar), 네온(Ne), 헬륨(He), 크립톤(Kr), 크세논(Xe) 등의 희유 기체와 이산화탄소(CO_2)들이 포함된다. 지표에서 멀리 올라갈수록 지구로의 인력이 약해져서 대기의 농도도 점점 희박해진다. 해발 기준면에서의 대기압을 1 기압이라고 하며, 5 Km 올라갈수록 공기의 밀도도 반으로 줄고 대기압도 반으로 감소한다. 해발 10 Km의 높이에서 대기압은 1/4 기압이며, 보통 제트 비행기가 다니는 높이이다. 인체가 호흡을 하기에 충분한 산소 농도가 아니므로 비행기 안에는 산소 공급이 호흡량에 이르도록 특별한 장치가 되어 있다.

우리가 호흡하는 대기는 여러 가지 물질들로 오염될 수 있다. 그중 가장 중요한 기체가 네 가지 있는데, 그것은 냄새가 전혀 없는 일산화탄소(CO)와 불쾌한 냄새가 있는 오존(O_3), 산화질소(NO_x), 이산화황(SO_2)이다. 그런데 냄새가 있다고 해서 위험 전에 감지할 수 있는 것은 아니다. 거의 감지할 수 없는 아주 작은 양으로도 치명적인 독성이 있기 때문이다. 오존을 제외하고 나머지 세 개는 반갑게도 지난 15년간 조금씩이지만 감소하였다는 보고가 있다.

대기 오염 물질 중 가장 많은 것은 일산화탄소이다. 도시 지역에서는 10ppm까지 달한다. 이 오염 물질의 주요한 공급원은 자동차와 보일러의 배기 가스이다. 이 가스는 인체 혈액의 산소 운반 능력을 무력화시켜서 죽음에까지 이르게 한다. 담배 연기 속에는 최대 45,000ppm의 일산화탄소가 포함되어 있는데, 12,800ppm에 1~3분 노출되면 죽음에 이를 수 있고, 6,400ppm에 30분 노출되어도 사망에 이를 수 있다고 보고되어 있다.

화석 연료를 연소시킬 때 만들어지는 이산화황과 산화질소는 호흡기에 특히 강한 장애를 일으키는 독성 물질이다. 일산화탄소의 대기 중 제한 농도가 9ppm인데 반하여, 이산화황은 0.03ppm, 산화질소는 0.053ppm인 것을 보면 그 독성이 훨씬 심각한 것을 알 수 있다. 이산화황은 대기 중에 있다가 비에 섞여서 산성비를 만든다. 산성비는 강과 계곡의 수많은 동식물을 죽게 하며, 대리석과 석회암으로 만들어진 많은 유적과 건물이 삭아 없어지고, 금속을 부식시켜서 커다란 경제적 손실과 재앙을 가져온다.

오존층과 자외선

오존(O_3)은 우리가 마시는 산소(O_2)와 비슷한 구조이기 때문에 덜 위험하게 느낄 수 있다. 그러나 일산화탄소보다 100배나 더 치명적이며, 그 제한 농도도 0.12ppm이고, 호흡기에 특히 치명적이다. 그러나 마시면 독이 되는 이 오존이 성층권에서는 필수의 물질이라는 것은 아이러니컬하다. 태양에서 복사해 오는 자외선은 인간을 포함한 생물체의 DNA를 손상하고, 여러 형태의 피부암을 유발하여 치명적인 독성을 끼친다. 그런데 성층권의 오존 구름이 자외선을 막아주는 역할을 한다. 이 성층권의 오존층이 대기 오염에 의해(특히 산화질소와 프레온(CFC) 가스) 점차 얇아지고, 극지방에서는 거의 없어져서 자외선을 막을 수 없을 만큼 뚫렸다고 한다.

만일 지구 성층권의 오존층이 완전히 없어지면 지구는 모든 생물이 멸종하는 공포의 행성이 될 것이다. 또한 오존은 소독력이 뛰어나서 유용하게 사용된다. 요즈음은 오존 발생기로 식수를 소독해 주는 장치까지 시판되고 있다.

이산화탄소도 규제한다고?

이산화탄소는 탄산 가스라고 하는데 우리가 내쉬는 숨에 들어 있고, 콜라 사이다의 거품에도 들어 있는 기체이다. 이 이산화탄소는 모든 연소 반응에서 생성된다. 공장, 난방, 자동차 등에서 엄청난 양이 나온다. 그런데 이것이 공해 물질이라서 규제한다니 말이 되는가? 온실 효과라는 말을 들어봤을 것이다. 유리나 비닐로 만든 온실 안은 난로가 없어도 온도가 계속 상승하여 매우 따뜻하게 된다는 것이다. 이것은 열이 주위에서 들어오기만 하고 안의 열은 바깥으로 나가지 않아서 생기는 현상이다. 지구도 마찬가지이다. 이산화탄소 기체가 공기 중에 많이 존재하면 이것이 온실 효과를 일으켜 지구의 온도를 높이게 된다. 그것이 뭐가 큰 문제냐고? 사실 아주 심각하다. 지구의 온도가 올라가면 생태계가 영향을 받아 남극과 북극 지방의 빙산들과 만년설들이 녹는다. 그러면 엄청난 홍수와 해일이 일어나며, 해수면이 높아져서 많은 바닷가 지역이 바다에 잠기고, 많은 농경지가 유실된다. 엄청난 일이 아닐 수 없다.

우리는 안전한 물을 마시고 있는가?

몸의 70%는 물이며, 지구 표면의 70%가 바다이다. 지구 중의 바다의 비율과 인체 중의 물의 비율이 비슷하다는 것은 재미있는 사실이다. 우리는 하루에도 평균 1 리터 이상의 물을 마신다고 한다. 바다와 강은 인간에게 중요한 영양 공급원으로 사용하는 식량의 보고이다. 이런 물이 오염되면 우리는 오염을 직간접으로 먹을 수밖에 없다. 물을 오염시키는 물질들은 유기물, 중금속, 독성 화학 물질 등이다. 이 중 유기물에 의한 오염도의 척도가 생물학적 산소요구량(BOD, biological oxygen demand)이다. BOD는 물속에 사는 미생물들이 유기물들을 분해하는 데 사용한 산소의 양으로서, 어두운 곳에서 일정 기간 방치하며 감소되는 용존 산소량을 측정한다. BOD5란 닷새동안 소비되는 산소의 양을 말하는데, 1ppm이면 순수한 물이며, 공장과 오수처리장의 배출구에서는 20ppm이 제한 조건이다. 좀 더 빠르고 간편한 시험법이 화학적 산소요구량(COD, chemical oxygen demand)이다. 미생물이 아닌 화학 물질을 사용하여 유기물을 분해하는 데 사용된 산소의 양을 측정하고 크롬이나 과망간산 칼륨을 사용한다. 결국 BOD나 COD나 물속에 유기물이 얼마나 있는지를 나타낸다.

물에 포함될 수 있는 가장 위험한 중금속으로는 카드뮴(Cd), 납(Pb), 수은(Hg)을 꼽을 수 있다. 이들은 1ppm만 있어도 치명적이다. 카드뮴

은 제련, 도금, 용접 산업이나 건전지 등에 의해 강수에 들어온다. 카드뮴은 인체에 축적되어 적혈구를 파괴하고, 신장을 손상시키며, 뼈를 약하게 한다. 카드뮴 축적증은 이따이이따이병으로 불리는데, 1940년경 일본에서 이유를 모르고 아프다(이따이)고 하면서 죽어갔다는 데서 그 이름이 유래됐다. 또 미나마타병이란 것도 생겼었는데, 이것은 수은 중독에 의한 것이었다. 수은 자체는 인체의 장에서 10% 밖에 흡수가 안 되지만, 물속에서 유기수은이 되면 인체에 들어가 장에서 95% 이상 흡수된다고 한다. 특히 신경계에 영향을 주어 경기를 일으키며 사망에까지 이르게 한다. 납은 중추 신경과 뇌를 손상시키고 신장을 약화시킨다. 화학 물질로는 농약이나 세제, 공장 폐수들에 포함되어 있는 독성 물질들인데, 환경 호르몬이나 발암 물질이라는 무시무시한 이름들을 갖고 있다.

오염된 폐수는 정화해야 먹거나 사용할 수 있다. 침전, 여과, 막분리, 이온교환, 삼투압여과 등의 방법으로 정화하며, 유기물의 정화를 위하여 미생물 슬러지법도 많이 사용한다. 식수 정화에서는 마지막으로 염소에 의한 소독을 하는데 염소 자체가 아니라 염소와 물이 반응하여 만들어지는 차아염소산을 이용한다. 차아염소산은 박테리아를 죽일 만큼 강한 소독제이므로 우리 세포에도 어느 정도 유해하다. 또한 아주 강한 환원제이기 때문에 우리 인체에도 유해하다. 그러므로 수돗물을 받으면 어느 시간만큼 방치하거나 정수하여 마시는 것이 좋다.

환경 호르몬엔 호르몬이 없다

요즈음 환경 호르몬이라는 말을 많이 쓴다. 그런데 붕어빵엔 붕어가 없듯이 환경 호르몬엔 호르몬이 없다. 호르몬은 생물체의 대사 활동에 관여하여 체내에서 분비하는 생체 물질이다. 환경 호르몬은 생물체에 특히 인체에 유해한 화학 물질을 일컫는다. 그런데 왜 환경 호르몬이라고 부르는가? 인체 내에서는 호르몬이라고 부르는 복잡한 구조의 많은 화학 물질들이 각종 대사 과정에 관여한다. 이때 환경에서 유입된 화학 물질 중 어떤 것은 호르몬과 비슷하게 인체의 대사 과정에 개입하여, 예기치 않고 바람직하지 않은 반응을 유도하는 경우가 있다. 어떤 것들은 매우 치명적이어서 생명을 앗아가기도 한다. 또 많은 경우는 불구가 되기도 하고, 생식계에 개입하여 유전에 심각한 영향을 주기도 한다. 최근에 다이옥신과 비스페놀 에이가 문제가 되기도 하였다.

비스페놀 A(bisphenol-A)의 구조

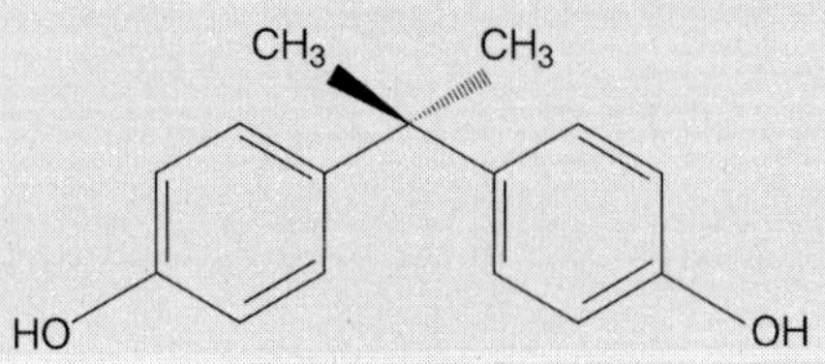

화학 공업이 다이옥신을 만드는가?

요즈음 다이옥신이 식품에서 검출되었다면서 그에 대한 공포가 확산되고 있다. 월남전에서 공포의 악명을 떨쳤던 고엽제도 이 다이옥신을 주성분으로 하고 있다. 다이옥신은 어떤 물질이며, 어떻게 생성되고, 그 유해성은 어느 정도인가 정확히 알 필요가 있다. 다이옥신에 대한 일반인의 오해는 다음과 같은 것들이다.

다이옥신에 관한 가장 큰 오해는 아마도 플라스틱에 많이 함유되어 있다는 생각일 것이다. 어떤 물질이든지 연소할 때 다이옥신이 생성된다. 도시 쓰레기든 자연 발화된 산불이든 연소하면 다이옥신은 생성된다. 화공 약품이나 플라스틱에 미리 함유된 경우도 있겠지만, 대부분의 다이옥신은 어떤 물질들이 연소할 때 생성된 것이다. 미국의 경우 다이옥신 발생량의 절반 정도는 산불에 의한 것이라고 한다. 사람이 살지 않는 북극의 빙하에서도 다이옥신은 발견된다.

연소 시 염소가 존재하면 다이옥신이 생성될 수 있다. 그렇다고 염소가 함유된 PVC가 다

이옥신을 엄청나게 배출하는 것은 아니다. PVC에 함유된 염소보다는 음식물 쓰레기의 염분에서 NaCl의 이온 상태로 존재하는 염소가 다이옥신의 발생에 크게 관여한다고 알려져 있다. 또한 대기 중에도 미량이지만 다이옥신의 발생에 충분한 염소가 기체 상태로 존재한다. 실제 일본에서는 PVC를 포함한 쓰레기와 PVC를 제거한 쓰레기를 같은 조건으로 연소하였을 때 같은 양의 다이옥신이 발생된다는 연구 결과를 발표하기도 하였다. 최근의 연구에 의하면 다이옥신의 발생량은 연소 조건에 가장 크게 관계된다고 한다. 800도 이상에서 소각하고 그 배기 가스를 200도 이하로 급냉하면 다이옥신은 거의 생성되지 않는다고 한다.

다이옥신은 어느 한 가지 물질의 이름이 아니다. 벤젠 고리 두 개가 두 개의 에테르로 결합된 디벤조다이옥신(dibenzodioxin)의 염소화된 물질의 총칭일 뿐 아니라 에테르가 하나로 연결된 디벤조푸란(dibenzofuran)도 이 범주에 속한다. 염소의 결합 위치에 따라 맹독성이 있기도 하고 독성이 전혀 없기도 하다. 일반적으로 2, 3, 7, 8 위치에 염소가 결합되어 있으면 독성을 띤다.

다이옥신은 지용성의 탄화수소로서 천천히 인체 밖으로 배출된다. 인체 내에 얼마나 오래 머무는가는 인체 내 잔존 반감기로 표시하는데, 빠른 것은 약 2년, 늦은 것은 12년 정도면 다 배출된다고 보고되어 있다.

대표적인 다이옥신 : 아래의 화합물에 벤젠 고리의 수소가 염소로 치환된 화합물들의 통칭으로 18개의 염소가 치환될 수 있다.

디벤조다이옥신(dibenzodioxin)의 구조

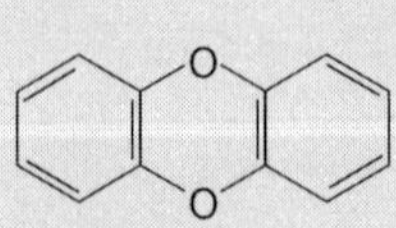

디벤조푸란(dibenzofuran)의 구조

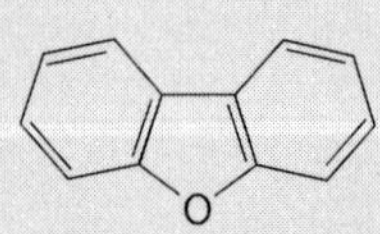

중금속 중독

인체 대사에 큰 문제를 일으키는 중금속들 중에 가장 심각한 것은 납, 수은, 카드뮴, 크로뮴 등이다. 비소는 금속은 아니지만 맹독성의 유해 원소이다. 천연물은 다 몸에 좋다는 잘못된 생각이 있는데, 천연 식품 중에도 이 비소는 소량씩 들어 있다. 그러나 보통은 허용 기준치를 훨씬 밑돌기 때문에 아무 문제가 없다.

이따이이따이병이라는 말을 들어 본 사람들이 있을 것이다. 1940년대에 일본의 도야마현 지방에서 근육이 아파서 "이따이! 이따이!"(일본말로 아프다는 뜻)하고 괴로워하다가 몇 년 뒤에는 걷지도 못하게 되고, 심지어는 사망까지 하게 되는 이상한 병이 발생하였다. 나중에 알려진 바로는 광산 폐수에서 유출된 카드뮴 중독증이었다.

미나마타병도 공해 물질에 의한 심각성을 보여주는 사건이다. 1950년대에 일본 구마모토현의 미나마타시의 바닷가에는 원인을 알 수 없이 물고기와 어패류들이 죽어서 떠오르고 뒤틀린 기형이 많아졌다. 이 지역의 사람들도 서서히 손발이 뒤틀리고 혀가 굳어서 벙어리가 되고, 정신이상이 되다가 사망하는 괴질이 발생하였다. 10년이나 지나서야 이 병의 원인이 밝혀졌는데, 인근 비료 공장에서 배출된 수은 중독 때문이었다. 이같이 중금속에 의한 공해병은 매우 심각하며, 한 번 환경이 오염되면 완전히 깨끗하게 돌아오는 데 십 수년 이상이 걸린다. 그러므로 환경 보호에 대한 의식은 대단히 중요하다. 개발이 안 되었다고 불평하기보다는 개발이 안 되어 자연 환경을 그대로의 상태로 잘 보존한 것이 재산이 되는 시대가 오고 있다.

플라스틱 재활용

요즈음 플라스틱으로 된 용기나 장난감 등의 라벨을 보면 다음 그림과 같은 표시가 있는데, 이것은 플라스틱의 재활용(재생)을 위하여 플라스틱 재료를 표기한 것이다. 삼각화살표는 플라스틱 재활용 표시이다. 번호로서 종류를 구분한다. 플라스틱이 공해의 주범이 된 것은 그 자체가 독성이 커서가 아니라 오히려 너무 좋고 싸서 많이 쓰기 때문에 문제가 된 것이다. 플라스틱은 다른 소재보다 재활용이 비교적 쉬운 면이 있다. 그러므로 플라스틱 포장재나 병 제품을 폐기할 때는 종류별로 깨끗하게 모아서 처리하여야 한다.

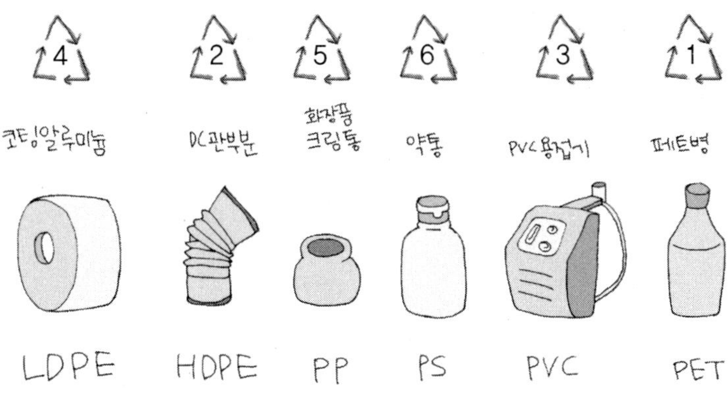

그림 11-1 플라스틱 재활용을 위한 종류 표시

썩지 않는 플라스틱, 썩는 플라스틱

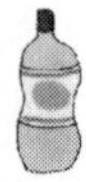

나무나 가죽 같은 천연 재료들은 대부분 곰팡이가 슬고 부패하기 때문에 물이 묻으면 안 좋은 곳이나 식품의 포장에는 사용하지 못한다. 반면 자연계에 존재하는 일반 곰팡이나 세균은 플라스틱을 부패시키지 못한다. 즉, 그동안 플라스틱을 많이 사용하여 온 이유 중의 하나는 썩지 않는다는 것이었다. 그러나 이젠 플라스틱이 썩어야 할 이유도 생기게 되었다. 썩는 플라스틱을 사용하면 다른 나무나 종이처럼 자연계로 순환되기 때문에 환경에 좋을 것이란 생각이 대두되었다. 물론 대부분의 플라스틱은 썩지 않으며 물도 잘 묻지 않는다. 그러나 곰팡이에서 얻어지는 poly(hydroxy butyrate)라는 고분자는 일반 고분자와 물성이 비슷하면서도 6개월 정도면 땅 속에서 흔적도 없이 없어지는 자연 분해성을 갖고 있다. 이 고분자로 만든 필름으로 묘목의 뿌리를 흙과 비료, 물과 함께 싸서 포장을 하면 그대로 수출하여 나무 심을 곳에 포장을 풀지 않고 그대로 묻어서 사막의 녹화 기술로 사용하기도 한다. 또 poly(lactic acid)와 poly(glycolic acid)라는 고분자는 분해성 수술 봉합사로 쓴다. 내장이나 혈관을 수술할 때는 원래 피부를 잘라내고 내장이나 혈관을 꿰맨 다음 피부를 다시 꿰맨다. 며칠 후 실밥을 뽑기 위해 피부를 다시 잘라 열고 안의 실밥을 풀고 다시 겉의 피부를 꿰매고 며칠 후 실밥을 빼야 한다. 그러나 분해성 봉합사를 쓰면 한 번의 수술로 끝난다.

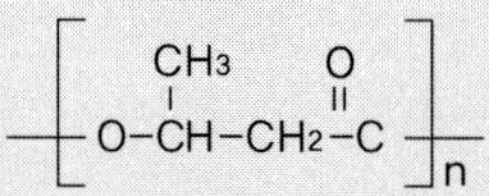

poly(hydroxy butyrate)

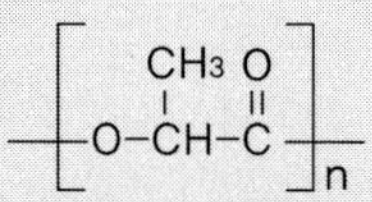

poly(lactic acid)

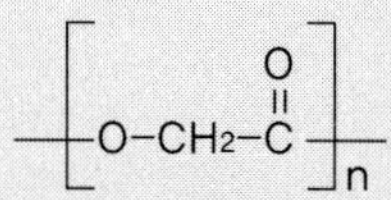

poly(glycolic acid)

카드뮴
납
수은

Part 12

화학이 들어 있는 옛날 이야기

화학이 발전된 역사적 순서에 따라 논리를 발전시켜 보는 것은 화학을 근원적으로 이해하는 데 큰 도움을 준다. 인류의 역사적 발전을 화학적 관점에서 보는 것도 흥미 있는 일이다. 이야기를 읽다보면 어느새 화학 전체를 꿰뚫는 chemophilus(화학을 사랑하는 자)가 되어 있을 것이다.

영화 '제5원소'

제5원소라는 영화는 프랑스의 뤽 베송 감독과 부르스 윌리스, 밀라 요보비치 주연으로 1997년 개봉한 SF영화이다. 영화의 내용인즉, 네 원소에 제5원소가 더해져야 지구의 멸망을 저지시킬 수 있는데, 제5원소는 외계소녀 요보비치이다. 제5원소와 네 원소들 간의 반응 촉매는 사랑이다. 윌리스가 요보비치와 사랑하게 되면서 반응이 일어나 지구는 구원받게 된다.

불, 흙, 물, 공기 이 네 가지의 기본 원소에 철학자의 돌(Quintessence)이라고 부르는 제5원소가 더해지면 모든 물질이 생성되는 것이라고 주장한 사람은, 그 유명한 아리스토텔레스(Aristoteles, BC 384~322)이다. 세상 모든 물질의 근본은 단순한 몇 가지로 엮어져서 생성된다는 생각은 곧, 연금술과 근대적인 원자(atom) 개념으로 발전하게 된다.

연금술로 황금을 번 사나이

연금술은 알케미(alchemy)라고 하며, 이 말이 화학(chemistry)의 어원이다. 여기서 켐(chem)은 이집트 말로 흙이라는 뜻으로서 흙의 학문, 즉 광물의 학문이 되었다. 싼 금속으로부터 값비싼 금을 만들려는 연구는 당연한 시도였다. 특히 황과 수은을 잘 합하면 금이 될 것으로 믿는 사람이 많았다. 이 결합을 가능하게 해주는 신비의 물질이 있을 것으로 생각했는데, 그 이름이 aliksir, 즉 '철학자의 돌' 이다. 연금술 시대에 금을 만드는 것은 아무도 성공 못했지만, 연금술로 돈을 버는 일에 성공한 사람은 여럿 있었다. 그들 중 대부분은 사기로 판명났으나 실제로 금과 같은 것을 만들고 돈을 번 경우도 있었다.

1600년대에 독일에 브란트라는 사람이 있었는데, 우연히 인을 발견하였다. 공기 중에서 흰 연기를 내며 불이 타고 어둠 속에서는 밝은 빛을 내는 신기한 물질이었다. 그 빛은 이상하게도 차가웠다. 그는 인을 '철학자의 돌' 이라고 생각하고 비싸게 팔아서 큰 돈을 벌었다. 그는 금을 만들지는 못했지만 결국 금을 얻은 셈이다.

결국 연금술에 의하여 금을 만들려는 시도는 실패로 끝났지만, 1100년에서 1500년까지의 연금술 시대에 대부분의 화학 실험 기구들이 발명되고, 중요한 화학의 기본 지식과 연구가 이루어졌다. 프란시스 베이컨(Francis Bacon, 1561~1626)은 이것을 두고, 포도밭에 황금을 묻어두었다고 유언하고 죽은 후 아들들이 몇 달 동안 밭을 파헤쳐 금을 찾지는 못했지만 포도 수확이 풍년이 되었다는 비유로 설명했다. 이때 용해, 용융, 여과, 결정화, 증류 등 실험 기술과 플라스크, 페리칸, 도가니, 레토르트, 증류탑 등의 실험 기구를 발명하고, 알콜, 에테르, 초산, 질산, 황산, 왕수, 백반 등 물질을 발견했으며, 비누, 색소, 의약품, 소독약, 잉크, 화약, 향료 등을 발명하였다. 또 하나의 수확은 실증과학의 검증 논리의 확립이다. 과학적인 실험으로부터 논리적인 결론을 추론해 내어 과학 발전을 근대화하였다.

플로지스톤은 없다

연소는 가장 일찍부터 인간이 보아온 화학 반응이다. 대부분의 물질이 타고 나면 가벼워지는 실험으로부터 가연성 물질에는 플로지스톤(phlogiston)이라는 원소가 포함되어 있다고 생각하였다. 우스워 보이는 이 학설을 인류는 그 후 100년간 믿어 왔다.

프랑스의 라부아지에(Lavoisier, 1743~1794)는 금속이 연소 후에 더 무거워지는 실험으로부터 이 플로지스톤설이 잘못되었음을 밝혔고, 연소는 산소와의 결합이며 공기는 산소와 질소를 포함하는 혼합물이라는 사실을 밝혀내었다. 그는 현대 화학의 아버지로 불리울 만큼 화학에 큰 업적을 남겼으나, 프랑스의 대혁명 때 학문적 반대파인 프르크루아(Fourcroy)의 모함에 의하여 단두대의 희생자가 되었다. 그때 프르크루아가 한 말이 "공화국은 지식인을 요구하지 않는다. 단지 정의만 있을 뿐이다"고 했다. 사랑이 없는 정의는 이같이 살인도 할 수 있다.

비를 피할 수 있고 빵 한 조각만 있으면

전기화학 반응은 산화-환원 반응이며, 산소와 반응하는 것이 산화, 산소를 잃는 것이 환원 반응이라는 것은 철이 산화하여 녹스는 현상으로도 알 수 있다. 더 넓게 보면 전자가 나오는 반응이 산화, 전자를 받는 반응이 환원 반응이라고 볼 수 있다. 이러한 산-염기 이원론은 스웨덴의 베르첼리우스(Jons Jacob Berzelius, 1779~1848)에 의해 전기화학의 비약적인 발전으로 문을 열게 되었다. 그는 네 살 때 아버지가 죽고 어머니는 목사와 재혼하였으나, 여덟 살 때 어머니가 죽어 다시 계부가 재혼을 하는 복잡한 환경에서 자랐다. 그러나 고인이 된 어머니나 계부는 모두 아주 깊은 신앙심을 가진 기독교인으로서, 전처와 후처의 모든 자식을 잘 사랑하며 단란한 가정을 만들어 나갔다. 너무나 어려운 환경이었지만 그는 성실히 공부하며 남을 아끼고 장래의 성공을 믿는 낙천가로서 늘 하나님을 경외하고 자기를 믿었다. "필요할 때마다 꼭 필요한 것을 마련해 주시는 하나님의 섭리에 단지 감격과 기쁨의 감사를 드릴 수밖에 없다"고 늘 말했다고 한다. 학문적으로 노대가들에 반기를 들고 플로지스톤 설을 깨트리는 라부아지에의 신 학설을 지지한다는 이유로 화학계에서 직장을 얻지 못하고, 여러 가지 사업도 실패하여 참담한 지경에 빠졌을 때도, "내 머리 위에 지붕이 있어 비를 피할 수 있고, 내 혀 위에 한 쪽의 빵이 있어 배고픔을 면할 수 있으니 이 얼마나 큰 하나님의 은혜냐"고 오히려 감사하는 마음으로 오로지 실험과 연구에 정진하여 원자량의 측정, 산화 환원 이원론, 전기 분해에 의한 지르코늄, 티타늄, 세륨, 셀레늄, 토륨의 발견 등 큰 업적을 남겼다.

화학의 대중화를 이끈 데이비

미국의 프랭클린(Benjamin Franklin, 1706~1790)은 번개가 전기라고 생각하고 연을 띄워 번개에서 전기를 유도한 실험을 해서 유명해졌는데, 독일의 리히만(Richman) 교수도 같은 실험을 재연하다가 번개에 감전되어 죽기도 하였다. 데이비(Humphry Davy, 1778~1829)는 전기분해를 발전시켜 칼륨, 붕소, 마그네슘 등의 새 원소를 발견하고, 전기에는 양극과 음극이 있다는 설을 확립했다. 데이비는 화학을 대중화하려고 애썼으며, 많은 대중 강연을 통해 일반인의 화학에 대한 관심을 일으켜서 산업혁명의 정신적 토대를 마련하였다. 그의 대중 강연은 그 당시 사교계의 화제이자 유행이었고, 그의 강연을 듣고 화학을 공부하게 되는 사람도 많았으며, 전기화학에 불멸의 업적을 남긴 파라데이(Faraday)도 그렇게 그의 제자가 되어 큰 화학자가 되었다.

어린이를 위한 촛불의 과학

파라데이(Michael Faraday, 1791~1867)는 아버지가 오랫동안 병으로 누워 있고 학교도 못 다녔으며, 끼니를 잇기 어려운 가난 속에서도 온 식구들이 독실한 기독교인들로서, 매일 기도하고 찬송하며, 웃음을 잃지 않고 열심히 사는 가정에서 자랐다. 인쇄소에서 일하던 그는 인쇄를 위해 들어온 책을 모두 읽으며 과학, 특히 화학의 지식을 쌓아가던 중에 손님의 배려로 데이비의 강연회에 갔다가 매료되었고, 데이비에게 편지를 보내 끈질기게 부탁하여 조수가 되었다. 이후 밤낮없이 실험하였고 금방 엄청난 결과들을 내기 시작했다. 오히려 스승인 데이비가 그를 시기하였으나 파라데이는 늘 겸손하게 스승을 사랑하고 감사하며 살았다고 한다. 어린이를 매우 사랑하여 데이비와 같은 대중 강연, 특히 어린이를 위한 과학 강연을 많이 하였으며, 그의 저서인 '촛불의 과학'은 어린이를 사랑하고 과학을 아끼는 그의 명작이다. 그의 전기 분해 법칙은 전기분해를 할 때 전자의 이동이 수반되는데, 1 몰(mole)의 전자가 이동하여 전기분해하는 데 1 F(파라데이)의 전기량이 필요하다는 것이다.

영구 기관의 꿈을 깨트린 엔트로피

중세까지도 열은 물질이라고 생각했었다. 그러나 많은 실험에 의하여 열은 운동이라는 것을 알게 되었고, 화학은 물질뿐만 아니라 열, 즉 에너지의 학문이 되었다. 라부아제의 물질 보존의 법칙과 마찬가지로 메이어(Robert Meyer, 1814~1878)에 의해 에너지 보존의 법칙이 정립되었다. 에너지는 다른 형태로 전환 가능하나 새로 창조되지 않으며 소멸되지도 않는다. 인류는 오래 전부터 아무런 연료의 추가 투입 없이 한 번 돌려놓으면 영원히 도는 영구 기관의 꿈이 있었다. 그래서 여러 가지 영구 기관이 세간의 관심을 끌고 출현했다가 사기로 판명되곤 했지만 그래도 그 꿈을 버리지 않았었는데, 이 에너지 보존의 법칙이 정립되고는 영구 기관은 이론적으로 불가능하다는 것을 알게 되었다. 우주 전체의 에너지가 불변이라면 우주의 창조 전에도 지금 우주의 에너지와 같은 양의 에너지가 계속 있어왔다는 이야기가 된다. 그렇다면 맨 처음 시초는 어떻게 생겨났을까? 이 답은 철학과 종교에서 다루는 과제이다.

증기 기관에 의하여 산업혁명이 숨가쁘게 진행되던 영국에서는 대부분의 기술자들이 독학으로 연구하였으나, 프랑스에서는 에꼴 폴리테크닉(ecole polytechnique)이라는 국립 엘리트 교육 기관에서 동력 기관에 관한 연구가 이루어졌다. 그곳에서 카르노(Nicolas Leonard Sadi Carnot, 1799~1832)에 의해 열역학의 열-일 변환 이론이 정립되었다. 열은 높은 데서 낮은 데로 이동하며, 스스로 찬 곳에서 더운 곳으로 이동하지 못한다. 마치 중력과 같이 어떤 또 다른 힘이 있어야 이 사실을 설명할 수 있었다. 그래서 생긴 것이 엔트로피(entrophy)이다. 엔트로피는 무질서도라고 할 수 있다. 우주의 엔트로피는 증가만 한다. 이것이 열역학 제 2 법칙이다.

파파 분젠

분젠(Robert Wilhelm Bunsen, 1811~1899)은 가스의 연구를 크게 발전시켰으며, 1844년에는 2000도나 되는 높은 온도를 얻는 분젠 버너를 발명하고 그 버너를 이용하여, 그의 친구 물리학자 키르히호프(Gustav Robert Kirchhoff, 1824~1887)와 함께 가스 스펙트럼 분석법을 창안하여 현대 분광분석법의 기초를 마련하였다. 이 방법으로 새로운 원소도 많이 발견했는데 세슘, 루비듐도 이렇게 발견하였다. 분젠은 다정하고 정이 많고 인자해서 학생들 사이에 파파 분젠으로 불리울 만큼 인기가 있었는데, 이상하게도 학생 이름은 거의 기억하지 못하여 외부의 손님에게 그의 학생을 제대로 소개한 적이 한 번도 없었다고 한다.

현대 화학 분석은 거의 분젠이 발명한 분광분석법에 기초하여 수행한다. 분석하려는 물질에 광선을 투과시키거나 반사시켜 얻는 광선의 변화를 분석하여 화학적 구조, 물성 등 정보를 얻는 것이다. 적외선 빛을 사용하는 적외선 분광분석(Infrared spectroscopy), 자외선과 가시광선을 사용하는 UV spectroscopy, X-선을 사용하는 X-ray 분석, 현재 의료용 단층촬영에도 응용하는 핵자기 공명분광분석(NMR) 등이 있다.

점장이 멘델레예프

에카 알루미늄은 멘델레예프(Dmitri Ivanovitch Mendeleev, 1834~1907)가 예언한 갈륨의 이름이다. 그는 러시아의 한 시골 학교 교장의 14자녀 중 막내로 태어났다. 하지만 곧 아버지는 병으로 실직하게 되었고, 어머니가 유리공장을 하며 어렵게 살았다. 어머니는 아주 독실한 기독교인으로서 직공들을 데리고 예배를 보며, 동네 아이들을 모아 주일학교를 운영할 만큼 신앙심이 두터웠다. 14자녀를 모두 신앙심을 가장 중요하게 여기도록 가르쳐서 그의 인격을 형성시키는 중요한 기초가 되었다.

병으로 고생하던 아버지와 누나 하나가 죽은 뒤, 집안은 급격히 어려워졌으나, 어머니는 자식들의 교육을 위해 무작정 모스크바로 이주하였다. 그러나 이런 어머니도 너무 모진 고생 끝에 멘델레예프가 16살 때 돌아가시고 말았다. 그때부터 그는 딴 사람이 되었다. 열등생이었던 그가 고등학교 졸업식에서는 우등상을 받고 어머니를 생각하며 흐느꼈다. 대학에 진학한 후 열심히 공부하여 국비 장학생으로 프랑스의 르노(Regnault), 독일의 분젠

표 12-1 멘델레예프의 주기율표(1869)

주기	1족	2족	3족	4족	5족	6족	7족	8족
1	H=1							
2	Li=7	Be=9	B=11	C=12	N=14	O=16	F=19	
3	Na=23	Mg=24	Al=27	Si=28	P=31	S=32	Cl=35.5	
4	K=39	Ca=40	Ekaboron	Ti=48	V=51	Cr=52	Mn=55	Fe=56 Co=58.5 Ni=59
5	Cu=63	Zn=65	Ekkaaluminum	Ekasilicon	As=75	Se=79	Br=80	
6	Rb=85	Sr=87	Y=89	Zr=90	Nb=94	Mo=96		Ru=103 Rh=104 Pd=106
7	Ag=108	Cd=112	In=113	Sn=118	Sb=120	Te=125	I=127	
8	Cs=133	Ba=137	La=138	Ce=140				
9								
10			Yb=173		Ta=182	W=184		Os=191 Ir=193 Pt=196
11	Au=198	Hg=200	Tl=204	Pb=206	Bi=208			
12				Th=232		U=240		

당시 알려지지 않은 화합물인데 그가 예언한 에카 보론은 스칸듐(Sc), 에카 알루미늄은 갈륨(Ga), 에카 실리콘은 게르마늄(Ge) 으로 밝혀졌다.

(Bunsen), 키르히호프(Kirchhoff)에게 많은 것을 배우고 교수가 되었고, 원소의 주기율을 연구하여 1869년 3월 6일 러시아 화학회에서 '원소의 원자량과 그 성질과의 관계' 라는 논문을 발표하였다. 이 한 편의 논문이야말로 수백 편의 논문의 가치에 해당하는 불후의 명 논문인 것이다. 특히 그가 그때까지 발견되지 않은 원소에 대해 놀랄만한 예언을 한 것은 후세 사람들로 하여금 경탄을 금할 수 없게 하였다. 에카 알루미늄 Ea(갈륨 Ga), 에카 보론 Eb(스칸듐 Sc), 에카 실리콘 Es(게르마늄 Ge) 등은 그 유명한 실례인데, 있는지 없는지도 모르는 원소가 그 원자 번호의 자리에 있어야 한다는 것을 확신하는 일도 경이로운 일이지만, 그 미지의 예언된 원소의 물성들, 원자량, 원자가, 비중, 융점, 빛깔, 비점, 반응성까지 예언하여 후대의 과학자들에 의해 그 예언이 얼마나 정확한 것이었나를 확인하게 되었음을 생각할 때, 그에 대한 경탄을 금할 수가 없다.

원숭이 꿈

케쿨레(Friedrich August Kekule, 1829~1896)는 본래 수학과 제도, 곤충학 등에 관심이 많았으며, 기센 대학 건축과에 들어가 공부하다가, 뛰어난 유기 화학자인 리비히 교수의 강의를 듣고 리비히 교수의 조수가 되었다. 그때는 유기 화합물의 구조를 잘 알지 못하던 시기였다. 특히 화학의 상징인 벤젠의 구조는 C_6H_6로서 어떤 구조인지 전혀 알 수 없어서 화학계의 가장 뜨거운 토론 거리였다. 그는 건축을 했던 사람으로서 공간 감각이 뛰어났는데, 하루는 꿈에 원숭이 6마리가 서로 앞의 원숭이의 꼬리를 뒤에 있는 원숭이가 잡고 6각 고리를 형성한 것을 보고 벤젠의 구조식을 생각해 내었다고 한다.

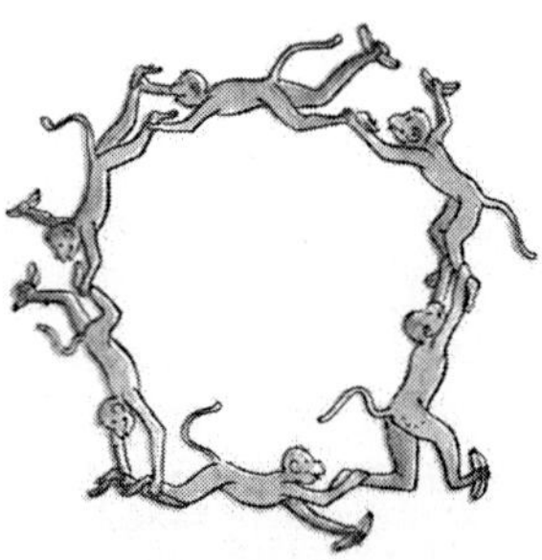

그림 12-1 케쿨레의 원숭이 꿈
한 원숭이는 두 손으로, 다음 원숭이는 한 손으로 앞 원숭이 다리를 잡고 다른 남은 손이나 발로 바나나(수소)를 쥐고 있다.

이곳이 파스퇴르 실험실이었습니다

필자가 공부하던 파리 6 대학은 파리 시내 중심가의 노틀담 성당 옆에 있었는데, 그 학교의 원래 이름은 유니베르지떼 드 피에르 마리 퀴리(Université de Piére et Marie Curie)였다. 한 번은 남편과 함께 또 한 번은 혼자, 이렇게 노벨상을 두 번이나 탄 프랑스 화학자 퀴리 부인이 연구하던 학교로서, 그 이름을 학교 이름으로 하였다. 그 학교 담을 따라 걷다보면 한 곳에 "이곳이 파스퇴르 실험실이었습니다"라는 표시판이 나온다. 파스퇴르(Louis Pasteuer, 1822~1895)는 가난한 프랑스 가죽업자의 아들로 태어나 공부는 안 하고 낚시와 그림 그리기로 놀며 지냈으나, 하루는 어머니와 아버지가 밤늦게 일하는 것을 본 후로, 딴 사람으로 변하여 잠시도 쉬지 않고 공부해 대학에 진학한 후, 18살에 문학사, 20살에 이학사의 학위를 받았다. 그림을 좋아하여 공간에 대한 감각이 뛰어나 비대칭 탄소 구조를 발견해, 유기화학과 생화학의 새로운 장을 연 엄청난 업적을 남겼다. 화학자로 시작하여 세균학자로 인류의 질병 치료에 절대적인 공로를 하였다. 독실한 기독교인으로서 자연 과학은 오관의 관찰에서 시작하며, 종교심은 오관의 감각을 초월한 영적 세계이므로 이 둘을 늘 힘써서 추구해야 한다는 그의 사상은, 종교인 자연과학자로서 우리가 새겨둘 만한 사상이다. 그의 책상에는 다음과 같은 표어가 붙어 있었다고 한다. '공부하라, 쉬지말고 공부하라'

초대 노벨상

네덜란드 의사의 아들로 태어난 반트 호프(Jacobus Henricus Van' t Hoff, 1852~1911)는 음악과 문학, 수학 등에 꿈을 가지고 있다가, 20살이 되던 해에 유기화학 구조론으로 이름을 떨치던 독일의 본 대학으로 가서, 케쿨레의 벤젠의 꿈 이야기를 강연으로 듣고 너무도 감동하여 그의 조수로 화학을 공부하게 되었다. 스승의 영향인지 그도 입체화학 구조에 관심이 많았고, 비대칭 탄소의 입체 구조론을 발표하여 전 세계적인 화학자로 이름을 떨치게 되었다. 이론 물리화학의 발전에 큰 업적을 남긴 그는 늘 학생들에게 꿈을 가지고 꿈을 꾸는 화학자가 되라고 가르쳤다고 한다. 그는 결국 그 유명한 노벨(Nobel) 화학상의 초대 수상자가 되었다.

그림 12-2 **반트 호프가 손수 만든 비대칭탄소 모형(독일 라이덴 과학사박물관)**

그 유명한 입체이성질체 논문을 발표한 1875년에 제자를 이해시키기 위하여 손수 만든 비대칭 탄소 모형. 사면체 하나는 네 개의 결합가를 가지는 탄소를 나타낸다. 만일 네 개의 면에 각기 다른 치환체가 붙어 있다면 그런 탄소들을 연결했을 때, 겹쳐지지 않는 전혀 딴 물질이 됨을 아주 쉽게 나타낸다.

영국 제철 공업을 비웃은 프랑스의 에펠탑

화학 반응을 이용하여 여러 산업이 발전할 즈음, 반응마다 어느 시점에서 더 이상 반응이 진행되지 않음을 알게 되었고, 목적물을 더 많이 얻기 위해 반응 속도를 빠르게 하거나 반응이 목적물 쪽으로 더 진행하게 하는 연구가 많이 이루어졌다. 반응 속도와 화학 평형에 관한 연구는 베르틀로(Marcelin Berthelot, 1827~1907)와 반트 호프, 르샤틀리에(Henri Louis LeChatelier, 1850~1936)에 의해 완성되었다. 르샤틀리에는 에꼴 데 민느(Ecole des Mines), 에꼴 폴리테크닉(Ecole Polytechnique), 콜레지 드 프랑스(College de France), 소르본느(Sorbone) 대학에서 교수 생활을 하면서 화학 평형에 대한 유명한 르샤틀리에의 원리를 정립하였다. 즉, 평형에 어떤 변화가 주어지면 그 외력을 상쇄하는 방향으로 평형이 이동한다는 것인데, 그의 이론은 제철 공업에서 꽃을 피웠다. 그 당시 영국의 제철 공업에서 쓰는 반응은

$$Fe_2O_3 + 3\,CO \rightarrow 2\,Fe + 3\,CO_2$$

인데, 충분히 반응하지 않으며 제철 양이 얼마 되지 않는 문제점이 있었다. 영국에선 그 이유를 철광석과 CO가 충분히 반응하지 않기 때문이라고 생각하여 용광로를 자꾸 크게만 고쳤으나 마찬가지였다. 르샤틀리에

는 평형이동의 원리에 의하여 평형을 생성물 쪽으로 이동시키는 것이 해결책이라고 조언하였다. 이처럼 화학의 원리는 산업의 발전에 직결되어 큰 기여를 한다. 실제로 그 당시의 프랑스 제철 공업은 대단하였다. 1889년 세계 산업 박람회를 개최한 프랑스는 자국의 제철 공업의 자신감을 세계 최대의 철탑인 에펠탑으로 표현하였다.

1889년에 건설된 에펠탑은 에펠(Gustave Eiffel)이 설계하고, 7300톤의 강철을 사용한 높이 984 피트(약 300미터)의 탑으로서 건설 후로부터 약 40년간 세계 최고의 건축물로 프랑스의 상징이 되었다. 그러나 예술을 사랑하는 대부분의 파리 시민들은 이 철골탑을 싫어하였으며, 실제로 박람회가 끝난 뒤에 철거하는 것이 심각하게 논의되었다고 한다. 파리 시민들이 얼마나 이 탑을 싫어했는지를 말해주는 에피소드를 하나 소개한다. 에펠탑은 3단으로 되어 있고 첫 번째 단 위에 식당이 있었는데(지금도 있다), 한 신사분이 매일 와서 식사를 하는 것이었다. 웨이터가 "선생님은 다른 사람들과는 달리 에펠탑을 무척 사랑하시는가 봅니다. 매일 이 식당을 오시니."라고 하자, 그 신사는 화를 벌컥 내며 "이 꼴 보기 싫은 탑이 보이지 않는 곳은 이곳뿐이오!"라고 했다는 이야기다. 탑이 높아서 파리 어느 곳에서도 이 탑을 보지 않을 수 없었으니 탑 안에 들어가야 안 볼 수 있다는 이야기다.

산성비는 황산비

서울 시내의 대기 오염 표시판에는 아황산 가스의 수치가 포함되어 있다. 아황산 가스는 자동차나 공장 등에서 나온다. 화산 분출물도 아황산을 포함한다. 성경에서 유황불이라고 표현하는 것이 바로 이 화산 분출물이다. 이렇게 공기 중에 있던 아황산 가스가 비와 함께 내리는 것이 산성비이다. 산성비는 시멘트와 돌을 녹이기 때문에 수많은 기념비적인 유적들이 손상되고, 숲과 강, 바다를 죽인다. 이렇게 산과 염기는 우리 생활과 밀접한 관계를 갖고 있다. 초기에 산과 염기를 구별하는 방법이 좀 조잡하였다. 맛이 시고 금속과 반응하여 수소를 발생하는 레몬 주스나 식초 같은 것은 산이며, 맛이 쓰고 미끈미끈하고 앞의 산과 반응하여 염과 물을 만드는 비눗물 같은 것은 염기성이라고 아는 정도였다. 과학적인 산과 염기의 연구는 아레니우스(Svante August Arrhenius, 1859~1927)에 의해 시작되었다. 그는 산은 용액 중에서 수소 이온(H^+)을 낼 수 있는 것으로, 염기는 수산화 이온(OH^-)을 낼 수 있는 것으로 정의하였다. 이 이론에서 우리가 산성의 척도로 쓰는 pH가 정의되었다. 즉, pH는 $-\log[H^+]$로 정의된다. 그러나 이 이론은 비수용액에서 또는 수소를 함유하지 않는 물질

의 산과 염기를 설명하지 못하는 약점이 있는데, 이것을 해결한 것이 미국의 루이스(Gilbert Lewis, 1875~1946)이다. 그는 원자 구조와 공유 결합설을 정립한 대학자로서, 산은 비공유 전자쌍을 받는 것, 염기는 비공유 전자쌍을 주는 것으로 정의하였다.

아레니우스의 산-염기:

HCl	+	$NaOH$	⟶	$H^+ + OH^-$	+	$Na^+ + Cl^-$
산		염기	중화	물		염

루이스의 산-염기:

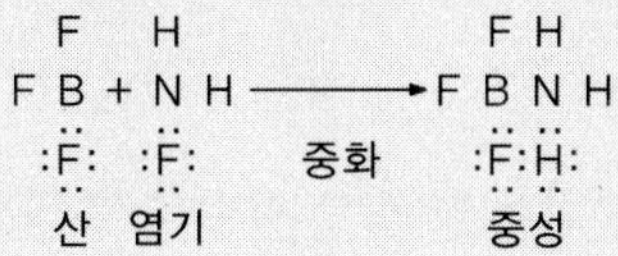

화학으로 세운 나라

전 세계를 유랑하던 나라 없는 유대인들에게 조국의 건국을 안겨준 역사의 기적은 화학의 산물이었다. 제1차 세계대전이 일어날 때 바이스만(Chaim Weizmann, 1874~1952)은 영국의 맨체스터(Machester) 대학의 화학 교수로 있었다. 식물을 발효시켜서 고분자를 만드는 연구를 하다가 여러 경로로 얻을 수 있는 녹말을 발효시켜 아세톤을 싸게 만드는 방법을 발견하였다. 폭약을 만들기 위해서는 막대한 양의 아세톤이 필요했는데, 그 당시는 목재로부터 열분해하여 만들 수 있었으나 전쟁으로 많은 양의 목재를 얻기도 수송하기도 불가능하였다. 이에 바이스만은 처칠 수상에게 아세톤을 만들어 주는 대가로 조국 이스라엘의 건국을 약속 받아 나온 것이 밸포어(Balfour) 선언(1917.11.2)이다. 1948년 그의 꿈대로 이스라엘이 건국되고, 그는 초대 대통령이 되어 화학의 힘을 극명하게 보여준 기적의 역사를 이루었다.

나일론 스타킹

대부분의 섬유가 천연의 면, 견, 양모를 사용하였으나 천연보다 좋고 값싼 인공 원료에 대한 열망은 나일론이라는 뛰어난 합성섬유를 탄생하게 하였다. 원래 그렇게 큰 분자량으로 이루어진 물질이 있을 수 없다고 여겨지던 시대에 미국의 젊은 화학자 캐로더스(Wallace Hume Carothers, 1896~1937)는, 저분자와 마찬가지로 공유 결합으로 이루어지고, 싼 물질로부터 합성에 의해 천연과 같은 고분자를 만들 수 있다는 신념으로 연구에 몰입하였다. 그는 원래 뛰어난 능력을 인정받아 하버드(Harvard) 대학의 교수로 갔지만, 듀퐁(DuPont)사의 신물질 연구팀을 이끌던 스테인(Charles Stein)이 그를 설득하여 회사로 데리고 오게 되었다. 스테인은 주위의 우려를 물리치고 끈기있게 전폭적으로 연구를 밀어 주었다. 곧 케로더스는 네오프렌(Neoprene) 고무를 발명하여 회사에 큰 성공을 안겨 주었으며, 이어서 폴리에스터(polyester)를 합성하였는데, 물성이 별로 안 좋아 포기하고 자포자기할 때, 그의 상사 스테인이 격려하고 지원을 아끼지 않았다. 마침내 폴리아미드(polyamide)를 합성하고 1938년 10월 28일 그 유명한 '석탄, 물, 공기로 만든, 거미줄보다 더 가늘고 강철보다 더 강한 섬유' 라는 선전과 함께 나일론(Nylon)을 발표하였다. 1940년 5월 15일에 나일론으로 만든 스타킹을 발매하였는데, 4일간 400만 켤레가 팔려 동이 나는 대성공을 거두었으며, 지금도 플라스틱 중의 왕자 소리를 들으며 생활과 산업 각 분야에서 가장 중요한 고분자의 하나로 군림하게 되었다.

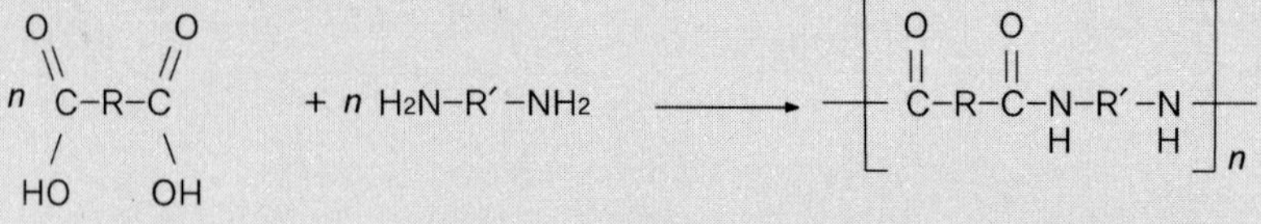

diacid　　diamine　　Nylon(polyamide)

나일론의 합성
(R, R′=지방족 탄화수소 $-(CH_2)n-$, 나일론에는 Nylon 66처럼 종종 숫자가 붙는데, 그 숫자는 지방족 탄화수소의 탄소 숫자이다.)

Part 13

화학을 전공해 볼까?

이런 생각이 들었다면 이 책을 잘 읽은 것이다. 화학은 의외로 많은 분야에서 필요로 하고 그 응용 분야가 무한정하게 넓다. 화학적으로 세련되게 개발한 신제품은 그 속이 보이지도 않고 신비스럽기만 하다. 그런 면에서 화학은 일종의 마술인 셈이다. 그래서 화학을 알 때와 모를 때의 차이는 다른 학문에 비해 더 크다.

화학은 신물질을 만들어 내는 과학이기 때문에 모든 과학의 밑받침이 된다. 지금 가장 인기 있는 컴퓨터학도 그 뿌리는 마이크로프로세서이고, 그것을 만드는 물질은 화학 물질이다. 현재의 칩 제조 재료로는 더 이상의 고집적화는 불가능하다. 이젠 새로운 물질을 만들어내야만 다음 단계로 도약할 수 있다. 새로운 칩 재료를 만드는 일, 그것은 전적으로 화학자의 몫이다. 컴퓨터뿐만이 아니다. 거의 모든 분야의 발달이 이젠 그 한계에 와 있다. 이제는 새로운 재료를 화학적으로 합성하고 만들어내야 한다. 이제 다음 시대는 화학의 전성 시대가 될 것이다. 화학에도 여러 분야가 있다. 이런 흥미로운 화학을 전공으로 택하는 데 도움이 되도록 화학의 여러 분야에 대해 간단히 설명하였다.

유기화학
(Organic Chemistry)

원래 유기화학이란 말은 광물성인 무기화학과 대비되어 생긴 말로서 유기물, 즉 동식물에서 나오는 물질의 화학이란 뜻이다. 확실히 살아있는 유기체의 신체를 이루거나 배설하는 물질들은 죽어있는 광물질들과는 다르며, 옛날에는 그것이 특별한 생명력의 차이라고 믿었다. 그러나 이젠 유기체의 물질들이 광물질에 비하여 탄소를 많이 포함하고 있다는 것을 알게 되었고, 유기화학은 이제 탄소에 관한 화학으로 자리잡게 되었다. 탄소를 근간으로 하는 물질들은 대단히 많으며, 특히 탄소의 독특한 반응성 때문에 수많은 유도체들의 합성이 폭발적으로 발달하였다. 유기화학은 탄화 수소 및 그 유도체의 화학으로서 화학 결합, 작용기, 반응 메커니즘, 입체화학, 유기단위 반응 등을 포함하며, 새로운 유기 화합물의 합성과 반응 경로에 대하여 주로 연구한다. 차분하고 끈기있게 반응을 관찰하는 유기 화학자는 많은 의약품을 개발하여 인류에 큰 공헌도 하고 엄청난 부를 얻기도 한다.

무기화학
(Inorganic Cemistry)

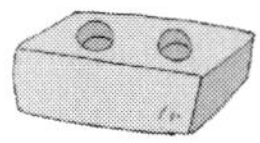

동식물의 신체 물질이나 배설 물질에 관해 연구하는 유기화학과 달리 무기화학은 생명이 없는 광물질의 화학으로 시작하였다. 탄소와 수소, 그 화합물을 주로 다루는 유기화학과는 달리, 무기화학에서는 그 밖의 100여 가지의 원소를 다룬다. 특히 많은 산업의 중요 물질이 되는 금속 · 비금속 원소들의 화학을 다룬다. 다양한 착물을 형성하는 전이 원소들과 전자의 이동과 배치가 현란한 무기 원소들의 화합물을 연구하는 무기 화학자는, 전자공학, 생물학 등의 기능성 소재를 개발하는 마술사와 같다. 무기화학은 최종 물질로서 각종 금속이나 합금, 반도체나 기타 전자, 생물학적 특성을 가지는 원소들과 우리가 흔히 사용하는 벽돌, 도자기, 유리 등의 일반 무기 물질 등 많은 분야를 포함하고 있다.

고분자화학 (Polymer Chemistry)

가장 많이 쓰는 소재인 플라스틱을 위시하여 나무, 종이, 섬유, 고무, 접착제, 도료, 복합 재료 등이 모두 고분자 재료인데, 이들을 합성, 가공하고 실용화하며 물성을 연구하는 화학이 고분자화학이다. 사실 고분자가 아닌 물질을 찾기가 어려울 만큼 현대는 고분자의 시대이다. 옛날에는 금속이나 세라믹으로 만들었던 많은 물건들이 플라스틱으로 대체되어 왔다. 대량생산이 용이하고 가격이 싸며, 경량인 플라스틱으로 대체하면 많은 유익이 있다. 예를 들어, 자동차의 차체를 상당 부분 플라스틱으로 대체하여 차의 무게를 줄이면 엔진을 그대로 두고도 차 무게가 감소한 만큼 연비가 올라간다. 또한 우리 인체 자체가 바로 고분자이며, 음식물을 먹고, 소화 흡수하고, 인체내 물질로 저장하는 모든 과정이 고분자 반응이다. 유전자를 이루고 있는 DNA, RNA도 고분자이며, 다른 동식물의 거의 모든 생체 반응이 고분자 반응이다. 또한 현재 산업의 핵심이랄 수 있는 반도체 제조공정에서 감광성 고분자는 핵심적인 재료이며, 집적도를 높이는 데 주도적인 역할을 하는 기술이다. 그러므로 고분자화학은 플라스틱 같은 일반 재료의 연구 개발뿐 아니라, 생명공학이나 유전공학 같은 생체 관련 공학과 반도체 공학 등 첨단 공학의 중요한 연구 분야이기도 하다. 고분자를 합성하는 중합 반응, 고분자의 물성과 유변학, 고분자 가공, 고분자 개질과 반응, 고분자의 분해와 재활용 등을 배운다.

물리화학
(Physical hemistry)

반복적인 실험의 관찰로부터 시작된 유기화학과 달리, 물리화학은 처음부터 화학 반응을 정량적인 이론으로부터 이해하려고 하였다. 화학 반응의 물질이동, 열이동의 역학적, 수리적 규칙성을 연구하는 학문으로, 화학 중에서는 가장 철학적인 이론 화학이다. 물리화학은 우리가 흔히 들어서 알고 있는 열역학 제 1, 2, 3 법칙의 발견을 이룬 열역학, 물질의 상과 상전이, 용액과 용해의 과학, 전기화학, 반응속도론, 분자와 전자의 운동을 다루는 양자역학 등을 포함하고 있다. 물질의 가장 기본적인 단위인 분자와 전자, 양자의 운동을 다루는 이 이론 화학으로부터 여러 가지 현실적 활용이 가능하여 많은 업적이 나왔으며, 노벨화학상을 가장 많이 배출한 분야이기도 하다.

분석화학
(Analytical Chemistry)

오늘날과 같이 화학 공업이 놀라운 발전을 할 수 있었던 것은 바로 분석화학과 분석 기기, 분석 기술이 발전한 것에 힘입은 바가 크다. 새로운 물질을 만들어 내고 발견하는 데에는 분석화학의 힘이 절대적으로 필요하다. 지금도 아무리 작은 회사라도 화학 물질을 다루는 회사라면 화학 분석실이나 몇 개의 분석 장비는 갖추고 있다. 이같이 분석화학은 물질의 성분을 확인, 검출하고, 다양하고 유용한 물성을 측정하는 화학이며, 정확한 정량적 · 정성적 분석을 위해 화학의 여러 지식을 동원하고, 여러 가지 첨단 기계를 사용하여 분석한다. 분석 화학자는 모든 화학 화합물의 개발 사업에 필수적으로 관여하는 아주 중요한 위치에 있게 된다. 현대는 많은 첨단 장비가 개발되어 있어서 전통적인 습식분석 이외에 자외선 분광분석기, 적외선 분광분석기, 핵자기 공명 분석기, 원자 흡광 분석기, 원자 방출 분석기, 질량분석기, 기체 크로마토그라피, 액체 크로마토그라피, 전기 화학 분석기 등의 첨단 기기의 사용, 개발 등을 포함하는 거대한 학문 분야가 되었다. 거의 모든 화학 회사의 실험실이나 분석실에서 전문가를 필요로 하므로 비교적 취업 기회가 많은 인기 분야이기도 하다.

화학공학 (Chemical Engineering)

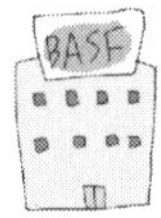

화학공학은 자연에 존재하는 물질이나 에너지를 물리적, 화학적, 생물학적으로 처리하여 인류에게 유익한 고부가가치 상품으로 생산하는 과정을 다루는 학문이다. 즉, 유기화학, 무기화학, 물리화학, 고분자화학 등의 화학 반응을 대규모화하여 공업화하는 학문으로서, 경제성과 환경친화성을 감안하여 최적의 플렌트를 설계, 건설하여 고부가가치를 추구한다. 화학 물질을 경제적인 대규모로 다루기 위하여 액체, 기체, 고체 상태의 화학 물질을 저장, 운반, 반응, 추출, 여과, 증류, 재결정, 분리, 정제, 촉매, 가열, 냉각, 발효 등 필요한 모든 공정을 연구하는 단위 조작과 화학 반응을 최적화하는 반응 공학과 공정 제어 등의 분야를 포함하고 있다. 현재 세계적인 거대 기업이라 할 수 있는 듀퐁이나 훽스트, BASF, ICI, GE, 바이엘, 시바가이기 등은 대개 화학공학 관련회사라고 해도 과언이 아니다. 우리나라뿐만 아니라 전 세계에 모든 웬만한 규모의 대학에는 반드시 화학공학과가 있을 정도로 기본적인 학문분야이다. 우리나라 경제력의 비약적인 발전에는 이런 화학공학의 발전에 힘입은 바가 크다.

공업화학
(Industrial Chemistry)

유기화학, 무기화학, 물리화학 같은 이론 및 소규모 실험실적 화학에 비하여 화학공학은 대규모의 중화학 공업을 다루고 있다. 그러나 중화학 공업은 아니지만 화학의 이론만 연구하지 않고 여러 가지 기능적 화학 상품을 개발하는 분야가 바로 공업화학이라고 할 수 있다. 즉, 염료, 안료, 향료, 화장품, 세제, 도료, 석유화학 원료공업, 석탄화학, 고무, 의약품, 농약, 펄프 제지, 피혁, 염색 등의 분야를 포함한다.

생화학
(Biochemistry)

생체 내의 거의 모든 반응도 화학 반응이다. 세포, 생체대사물질, DNA, RNA, 효소, 생체내 화학 반응, 식물체내 탄소 동화 작용, 질소고정화 반응 등을 연구하며, 영양학, 식량자원학, 유전공학, 생명공학, 생물화학공학, 의학, 분자생물학 등을 포함하거나 관련이 있다. 생화학자는 화학과 의학의 경계에서 연구하며, 생명의 기원, 활용과 면역학, 또는 의학을 위하여 일할 수 있다. 특히 현대의 면역학이나 신의약 개발에서 생화학의 중요성은 더욱 커지고 있다.

환경화학 (Environmental Chemistry)

현재 인간이 살고 있는 지구는 중금속이나 환경 유해 물질에 의한 오염, 광화학 스모그나 오존층 파괴, 수질 또는 대기 오염에 의하여 점점 쾌적한 환경을 잃어가고 있다. 이러한 환경 문제를 해결하기 위해서는 많은 분야의 지식이 통합적으로 필요하다. 이러한 필요에 따라 생긴 학문이 환경공학이며, 환경화학은 그중에서도 화학적 성격이 강한 대기 오염, 수질 오염, 에너지 위기, 자원의 고갈, 폐기물 처리와 재생, 독성학과 생태화학을 주 연구 대상으로 하고 있다. 현대에서 가장 시급히 전문가가 필요한 분야가 바로 이 환경화학 분야이며, 인류의 행복한 장래가 여기에 달려 있다고 해도 과언이 아니다.

찾아보기

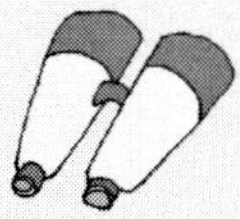

a

ABS 58

ASB 69

c

CMC 60

CNG 186

d

DDS(drug delivery system) 36

h

HDPE 169

HIPS 171

HLB 57

l

LAS 59, 69, 193

LDPE 169

LNG 186

LPG 186

p

PA(Protect A) 91

PC 178

peel-off 89

PET 173

pH 254

PMMA 178

poly(glycolic acid) 230

poly(hydroxy butyrate) 230

poly(lactic acid) 230

PVA 60

PVC 150, 172

PVP 60

s

SPF(Sun Protective Factor) 90

t

tin 159

v

VCM 150

W

wash-off 89

Z

zinc 159

ㄱ

가성소다(NaOH) 52
가성칼리(KOH) 52
가소제 150, 172
가솔린 184
간장 15
갈륨 246
게르마늄 246
경유 185
계면활성제 11, 56
고분자(macromolecule) 163
고분자화학 262
고추장 16
공업화학 266
과산화 수소 105
구아이페네신 115
구연산 4
권장규정식허용치(RDA) 210
그라파이트(graphite) 124
글로로헥시딘(chlorohexidin) 77
글루코즈(glucose) 39
글루타민산 소다(MSG) 21
글리세린 71
글리신(glycine) 17
글리콜(glycol) 189
기름(oil) 5
기초 대사량 208
김치 18

ㄴ

나일론(Nylon) 142, 144, 257
냉동 198
냉장 198
네오프렌(Neoprene) 257
노킹(knocking) 184
놋쇠 158
니조랄 74
니트로글리세린(nitroglycerine) 97
니트로셀룰로즈(nitrocellulose) 97

ㄷ

다이어트 209
다이옥신 225
단조(forge) 161
데니아 143
데이비(Humphry Davy) 240
덱스트로 메토르판(dextromethorphane) 115
덱스트로즈(dextrose) 39
덱스트린(dextrin) 39
도시 가스 186
된장 15
두부 17
드라이클리닝 65

등유(kerosene) 216
디벤조다이옥신 226
디클로랄페나존 110

ㄹ

라니티딘(ranitidine) 118
라부아지에(Lavoisier) 237
라이 증후군 109
락스 61
레시틴 11
레이욘 141
레티놀(retinol) 86
로부스타 29
루이스(Gilbert Lewis) 254
르샤틀리에(Henri Louis LeChatelier) 252
리놀레산(linoleic acid) 6
리놀렌산(linolenic acid) 6
리드(lead) 124
린시드 오일 134

ㅁ

마 141
마가린 7
마요네즈 11
메탄올 28
메틸 알콜 28
메틸시라오아크릴레이트 130
멘델레예프(Dmitri Ivanovitch Mendeleev) 245
멜라닌 47, 90, 105
멜라민 46
면 141
무기화학 261
무연휘발유 184
물리화학 263
미나마타병 223, 227
미리스트산(myristic acid) 6
미세캡슐화(microencapsulation) 35
미세포 200
미셀 50
미오글로빈(myoglobin) 206, 207

ㅂ

바니싱(vanishing) 83
바세린(vaseline) 102
바이스만(Chaim Weizmann) 256
반트 호프(Jacobus Henricus Van' t Hoff) 250
방전 190
방짜유기 158
배터리 190
밸포어(Balfour) 선언 256
범용 플라스틱 166
베르첼리우스(Jons Jacob Berzelius) 238
베르틀로(Marcelin Berthelot) 252
베이킹 소다 24
베이킹 파우더 24
베타 카로틴 90
벤젠 248
보크사이트 162

보트형 9
복합 재료(composite) 166, 181
부동액 189
분석화학 264
분젠(Robert Wilhelm Bunsen) 244
불포화 폴리에스터 173
불포화지방산 3, 5
붕규산(B_2O_3) 155
브랜디 28
비누화 51
비단 140
비대칭 탄소 251
비스페놀 A(bisphenol-A) 224
비아그라 121
비지 17
비타민 A(vitamin A) 20
비타민 C(vitamin C) 20

ㅅ

사에틸납 184
사카린(saccharin) 22
사포닌 40
산성비 219
산화 질소(NO_x) 218
살리실산 73
생물학적 산소요구량(BOD) 222
생화학 267
샤워콜로뉴(shower Cologne) 101
석영(silica) 154
설피리드(sulpiride) 118
섬유 강화 수지(FRP) 166
세계보건기구(WHO) 205
소다석회 유리 155
소포제 54
솔비탄 모노스테아레이트 (solbitan monostearate) 83
솔비톨(sorbitol) 82
수은 중독 223
수지(resin) 163
숙신산(succinic) 20
슈퍼글루(superglue) 130
스칸듐 246
스테로이드 10
스테비오사이드 22
스테아르산(stearic acid) 6
스텐리스(stainless) 160
스티로폼 171
스판 141
시너(신나, thinner) 137
시메티딘(cimetidine) 118
시스 9
시스틴 104
실리카겔 153
실리콘 67
실리콘 오일 103

ㅇ

아라비아 검(gum) 132
아라비카 29
아레니우스(Svante August Arrhenius) 254

아마인유(linseed oil) 7, 134
아말감 119
아세테이트 141
아스파탐 22
아스팔트 217
아스피린 109
아연 피리치온 73
아크릴 135
안전 유리 192
알러젠 111
알러지 111
알릴 설피드(allyl sulfide) 20
알케미(alchemy) 235
알파히드록시산 85
암브록솔(ambroxol) 115
압연(rollimg) 161
양모 140
양은 158
양조간장 15
양철 159
에나멜 120
에멀젼 81
에몰리언트(emollient) 84
에스프레소 29
에오신(eosin) 95
에카 보론 246
에카 실리콘 246
에카 알루미늄 245
에탄올 28
에틸 알콜 28
에페드린(epedrine) 115
에펠(Gustave Eiffel) 253
에펠탑 252
엑스트레(extrait) 100
엔지니어링 플라스틱 166
엔진 오일 188
연금술 235
연육소 201
열가소성 166
열경화성 166
영구 기관 242
오데콜롱 100
오드뚜와렛(eau de toilet) 100
오드콜로뉴(eau de Cologne) 100
오드파퓸(eau de parfum) 100
오메가-3 7
오일 파스텔 131
오존(O_3) 220
옥소메마진(oxomemazine) 115
올레산(oleic acid) 6
올리고당 23
요구르트 34
위산 116
유기화학 260
유산소 운동 209
의자형 9
이따이이따이병 223, 227
이산화 황(SO_2) 218
이스트 24
이차 전지 190

인공 장기 177
일산화 탄소 215

ㅈ

자외선 90
잔탁(Zantac) 118
장석 154
재활용 229
전색제 136
전자 렌지 204
점토(clay) 154
젖산(lactic) 20
젤(gel) 37
젤라틴 37
졸(sol) 37
주조(cast) 161
중유(residual fuel) 216
중조 117
중합체(polymer) 163
지방(fat) 5
진세노사이드(ginsenoside) 40

ㅋ

철학자의 돌 234
청동(bronze) 158
초콜릿 32
촛불의 과학 241
충전 190

ㅊ

카드뮴 223
카르노(Nicolas Leonard Sadi Carnot) 242
카민(camine) 95
카제인 129
카카오 32
카테친(catechin) 31
카페인(caffein) 30
칼론(calone) 101
캐로더스(Wallace Hume Carothers) 257
캡사이신(capsaicin) 16
케라틴(keratin) 104
케블라섬유 181
케큘레(Friedrich August Kekule) 248
케토코나졸 74
코크스 217
콘테(conte´) 124
콜라겐(collagen) 37, 147
콜레스테롤 5, 10
쿠아린(coumarine) 101
크레용 131
크레파스 131
크리스탈 155
크산틴(xanthin) 30
클렌부테롤(clenbuterol) 115
클로로메자논 110
클로페라스틴(cloperastine) 115
키르히호프(Gustav Robert Kirchhoff) 244

ㅌ

타가메트(Tagamet) 118

타이레놀 109
탄닌(tannin) 45
탄닌산(tannic acid) 148
탄닝(tanning) 147
템페라 12
트랜스지방 8
트리프롤리민(triprolidin) 115

ㅍ

파라데이(Michael Faraday) 241
파라핀(paraffin) 102, 131
파스퇴르(Louis Pasteuer) 249
파이렉스(pyrex) 155
파파인(papain) 201
팔미트산(palmitic acid) 6
퍼모티딘(famotidine) 118
페시드(Pecid) 118
펩신 116
포스터컬러 133
포토레지스트 179
포화지방산 5
폴리스티렌(PS) 171
폴리아미드(polyamide) 257
폴리프로필렌(PP) 170
프랭클린(Benjamin Franklin) 240
프레온(CFC) 가스 220
프로글루마이드(proglumide) 118
플라스틱(plastics) 163
플로기스톤(phlogiston) 237
피리벤즈아민 111

ㅎ

하이론(hyaluronic acid) 87
함석 159
항히스타민제 111, 113
헤모글로빈(hemoglobin) 207
헥사클로로펜(hexachlorophene) 72
화석 연료 214
화학간장 15
화학공학 265
화학적 산소요구량(COD) 222
환경 호르몬 224
환경화학 268
활성탄 153
황동(brass) 158
흑연(black lead) 124
히스타민(histamine) 111
힌지 170

소비자를 위한 생활 화학

마담 라부아지에, 뭘 사실 건가요?

|저 자 전창림
|발행인 주정희
|발행처 자유아카데미
|주 소 경기도 파주시 문발동 527-2
파주출판도시
|전 화 031-955-1321
|F A X 031-955-1322
|홈페이지 www.freeaca.com
|전자우편 main@freeaca.com(대표)
editor@freeaca.com(편집)
|등 록 제406-2003-017호, 1980. 7. 12
|제1판1쇄 2009년 6월 15일 발행
|제1판2쇄 2013년 2월 20일 발행
|정 가 15,000원

저자와의 협의하에 인지생략

ISBN 978-89-7338-777-9 93430